W0468089

Feuerwehrfahrzeuge 2019

WERKFEUERWEHR
RAFFINERIE
HEIDE
112

Andreas Klingelhöller
Jochen Thorns
Thorsten Waldmann

Feuerwehrfahrzeuge

Das Jahrbuch 2019

GeraMond

Impressum

Verantwortlich: Lothar Reiserer
Lektorat/Satz: Michael Dörflinger
Herstellung: Anna Katavic
Einbandgestaltung: Ralph Hellberg unter Verwendung von Fotos der Autoren
Die Fotos stammen, soweit nicht anders angegeben, von den Autoren der einzelnen Kapitel; S. 2: kli
Printed in Slovenia by Florjancic

★★★★★

Sind Sie mit diesem Titel zufrieden? Dann würden wir uns über Ihre Weiterempfehlung freuen. Erzählen Sie es im Freundeskreis, berichten Sie Ihrem Buchhändler oder bewerten Sie bei Ihrem nächsten Onlinekauf. Und wenn Sie Kritik, Korrekturen oder Aktualisierungen haben, freuen wir uns über Ihre Nachricht an GeraMond Verlag, Postfach 40 02 09, D-80702 München oder per E-Mail an lektorat@verlagshaus.de.

Unser komplettes Programm finden Sie unter www.geramond.de

Alle Angaben dieses Werkes wurden von den Autoren sorgfältig recherchiert und auf den aktuellen Stand gebracht sowie vom Verlag geprüft. Für die Richtigkeit der Angaben kann jedoch keine Haftung übernommen werden. Für Hinweise und Anregungen sind wir jederzeit dankbar.

Die Deutsche Nationalbibliothek verzeichnet diese Publikation in der Deutschen Nationalbibliografie, detaillierte bibliografische Daten sind im Internet über http://dnb.d-nb.de abrufbar.

© 2019 GeraMond Verlag GmbH, München
ISBN 978-3-95613-075-5

Inhalt

2017

August

- Die Blickle & Scherer Kommunikationstechnik GmbH & Co. KG gliedert den Geschäftsbereich „Sonderfahrzeugbau“, der schwerpunktmäßig Einsatzleitwagen, Kommandowagen und Mannschaftstransportfahrzeuge ausbaut, in ein neu gegründetes Tochterunternehmen aus: Blickle & Reuter Sonderfahrzeugbau GmbH. Neuer Geschäftsführer und Partner ist Sven Karsten Reuter. Der Firmensitz bleibt am gleichen Standort in Karlsruhe.
- Die Zikun Fahrzeugbau GmbH (Riegel) mit 60 Mitarbeitern meldet Insolvenz an. Das Unternehmen feierte 2016 das 45-jährige Bestehen und ist im Feuerwehrbereich vor allem für Sonderfahrzeuge bei Werkfeuerwehren bekannt. Im gewerblichen Bereich werden insbesondere Getränkefahrzeuge und Sonderfahrzeuge aufgebaut.

September

- Das erste Flughafenlöschfahrzeug „Panther“ der neuen, 2015 vorgestellten Generation wird in Deutschland ausgeliefert: Der Flughafen Dortmund erhält Ende des Monats einen Panther 6x6.
- Rosenbauer erhält vom BBK einen Rahmenauftrag über insgesamt 306 LF-KatS im Wert von mehr als 50 Millionen Euro. 108 Fahrzeuge mit Lieferungen in den Jahren 2018 und 2019 sind fix beauftragt; über 198 LF-KatS für die Jahre 2018 bis 2020 besteht eine Option. Die Fahrzeuge auf MB Atego 1327 AF werden mit einem ET-Aufbau versehen. Damit werden es die ersten Einsatzfahrzeuge mit ET-Aufbauten sein, die nach Deutschland geliefert werden.

November

- Die Branddirektion München stellt 14 als Funkdienstwagen bezeichnete Pkw des Typs VW e-Golf mit rein elektrischem Antrieb in Dienst. Insgesamt sollen in den kommenden Jahren 25 Elektro-Pkw und sieben Elektro-Transporter beschafft werden.

Dezember

- Der Schweizer Aufbauhersteller Tony Brändle AG zieht vom bisherigen Firmensitz in Sirnach in einen Neubau in Wängi (TG) um.
- Die französischen Teile des Gimaex-Konzerns, nämlich Gimaex International SAS und Gimaex SAS, melden Insolvenz an. Die deutschen und österreichischen Tochterunternehmen sind nach eigenen Angaben nicht betroffen.
- Rosenbauer liefert das erste LF 20 mit einem CL-Aufbau aus. Es geht an die FF Hofheim am Taunus (Hessen).

2018

Januar

- Der langjährige Vertriebsleiter für Bronto Skylift in Deutschland, Thomas Mayr, wechselt zu Ziegler.

Februar

- Gimaex Deutschland stellt den ersten Rüstwagen in der Aufbaulinie „Gimaex Plus“ vor. Das Fahrzeug wird an die BF Valencia (Spanien) geliefert. Damit sind in der Aufbaulinie nicht mehr nur Löschfahrzeuge lieferbar.

März

- Die überarbeiteten Normen DIN 14530-16 (TSF), DIN 14530-17 (TSF-W), DIN 14530-24 (KLF) und DIN 14530-25 (MLF) werden veröffentlicht.
- Die FF München erhält den ersten MAN TGE bei einer Feuerwehr. Der von Freytag als GW-Logistik ausgebaute Kastenwagen wird vor allem für die Prävention im Rahmen eines Projektes eingesetzt.
- Magirus präsentiert bei der Messe „LogiMAT“ in Stuttgart ein Elektro-Einsatzfahrzeug auf Basis des „Goupil G4 Lithium“.
- Ein Großfeuer zerstört den Dachstuhl der Schlauchweberei im Ziegler-Stammwerk in Giengen. Auswirkungen auf die Fahrzeugproduktion gibt es nicht.
- Rosenbauer ist mit Unregelmäßigkeiten bei der Rosenbauer Deutschland GmbH konfrontiert, die zu außergewöhnlichen Abschreibungen in Höhe von 3,5 Millionen Euro führen.

Magirus präsentiert im März ein Elektro-Einsatzfahrzeug auf Basis des Goupil G4 Lithium . Der Ausbau des Kofferaufbaus kann individuell nach Kundenwunsch erfolgen.
Foto: Jochen Thorns

- Der Aufbauhersteller Maise Karosserie- & Fahrzeugbau GmbH (bekannt für Gerätewagen Logistik und MTW) meldet Insolvenz an. Der Geschäftsbereich „Karosseriebau und Lackierung" am Stammsitz in der Egonstraße in Freiburg/Breisgau wird zum 31. Mai 2018 geschlossen. Der Geschäftsbereich „Fahrzeugbau" in Umkirch soll weitergeführt werden.

April

- Desautel übernimmt die französischen Standorte der Gimaex SAS in Roanne, Mitry-Mory und Tourouve (Riffaud) im Rahmen des Insolvenzverfahrens. Zunächst erfolgt auf dem französischen Markt eine Firmierung unter „Gimaex Fire Trucks".
- Rosenbauer übergibt ein KLF-Logistik nach österreichischen Bauvorschriften mit Elektroantrieb an die BtF Linz AG. Der als Basis dienende MB Sprinter 516 CDI ist von der Firma Kreisel Electric umgebaut worden.
- Ab dem 1. April 2018 gilt auf mautpflichtigen Straßen in Österreich auch für Feuerwehrfahrzeuge aus Deutschland die Mautpflicht. Eine Ausnahme bilden lediglich die Fahrt zu einem Einsatzort und die Rückfahrt von einer Einsatzstelle.

Mai

- Bei der RETTmobil zeigt Ambulanz Mobile einen KTW auf Ford Transit Custom mit Hybridantrieb. VW Nutzfahrzeuge präsentiert erstmals den neuen VW Crafter 50 mit Heckantrieb und Achtgang-Automatikgetriebe als RTW. Der Aufbau stammt von WAS. Mercedes-Benz stellt erstmals den neuen MB Sprinter der dritten Generation vor – als KTW mit einem Ausbau von Ambulanz Mobile.
- Scania präsentiert am Stammsitz des Konzerns im schwedischen Södertälje die überarbeitete CrewCab und die neue, niedrige L-Baureihe.
- Die Arbeitsgemeinschaft der Rettungsdienstträger in Schleswig-Holstein macht ein neues Design für die Rettungsdienstfahrzeuge in Schleswig-Holstein bekannt. Die Fahrzeuge er-

Im Juli stellt Rosenbauer die Hubarbeitsbühne B 60 mit einer Arbeitshöhe von 60 Metern vor.
Foto: Jochen Thorns

halten im Rahmen eines Hochsichtbarkeitskonzeptes eine an das sogenannte „Battenburg"-Design angelehnte Beklebung.

- Der Fachausschuss Technik der deutschen Feuerwehren veröffentlicht die Fachempfehlung „Vermeidung von Stromunfällen beim Einsatz von Hubrettungsfahrzeugen".

Ebenfalls im Juli präsentiert Rosenbauer die Drehleiter L 32 A-XS 3.0. Foto: Jochen Thorns

Juni

- Der spanische Iturri-Konzern übernimmt zum 15. Juni 2018 die deutsche Gimaex GmbH in Wilnsdorf. Der Firmenname lautet: Iturri Feuerwehr- und Umwelttechnik. Als Markenname soll Iturri verwendet werden.
- Dirk Schmitz (ehemaliger Geschäftsführer der Gimaex GmbH und Gesellschafter der Gimaex International SAS) kündigt an, dass die Marke „Schmitz" für Feuerwehrfahrzeuge wiederbelebt werden soll. Zusammen mit einem chinesischen Partner sollen die Einsatzfahrzeuge in Deutschland gebaut werden. Schmitz hatte ebenfalls für die Übernahme der Gimaex GmbH (Wilnsdorf) geboten, war aber Iturri unterlegen.
- Rosenbauer Española (Spanien) optimiert seine Standorte: Ein neues Hauptquartier für die Verwaltung und den Wartungsdienst mit einer Nutzfläche von 2.100 Quadratmetern wird in Leganés, einem Vorort von Madrid, eröffnet. Dafür werden der bisherige Firmensitz in Madrid und eine Werkstatt für Fahrzeugreparaturen geschlossen. Die Produktion verbleibt in Linares.

Juli

- Rosenbauer stellt im Kompetenzzentrum Hubrettungsfahrzeuge in Karlsruhe eine neue Roboter-Schweißanlage zum Schweißen von Leitersätzen vor. Seit Mitte 2017 sind nach Firmenangaben mehr als 80 Korbarme der Gelenkdrehleiter L 32 A-XS erfolgreich geschweißt worden.
- Rosenbauer Karlsruhe präsentiert die neue Hubarbeitsbühne B 60 mit einer Arbeitshöhe von 60 Metern und die Drehleiter L 32 A-XS 3.0. Die Drehleiter verfügt über eine neue Steuerungssoftware, einen um 1,5 Meter erweiterten Arbeitsbereich, einen optimierten Rettungskorb und neue Sicherheitsfunktionen.

1. Einsatzleitfahrzeuge

Die Flughafenfeuerwehr des Fraport erhielt für die Führungsdienste zwei identische KdoW. Die mit Automatikgetriebe ausgestatteten Allrad-Fahrzeuge verfügen über eine umfangreiche Kommunikationsausstattung und wurden mit leuchtroten Folien beklebt. (Bunzel) [1]

Typ:	KdoW	Baujahr:	2017
Feuerwehr:	WF Fraport, Frankfurt (HE, F)	zGG:	2.470 kg
Fahrgestell:	Audi Q5 2,0 TDI Quattro	Radstand:	2.807 mm
Aufbau:	Schäfer		

Der Kreisbrandmeister des Kreises Dithmarschen nutzt fur Dienstfahrten einen BMW-SUV-KdoW. (kli)

Typ:	KdoW	Baujahr:	2017
Feuerwehr:	KBM Dithmarschen (SH, HEI)	zGG:	2.365 kg
Fahrgestell:	BMW X3 xDrive20d	Radstand:	2.864 mm
Aufbau:	Haberl Electronic		

[1] Name in Klammern: Bild- und Textautor. Kürzel siehe Autoren S. 4

Durch den Diensthabenden „Brandmeister vom Dienst" als Führungsdienst wird ein KdoW in Uelzen genutzt. Es werden Einsatzpläne, Kartenmaterial und Türöffner sowie eine persönliche Atemschutzausrüstung mitgeführt. (kli)

Typ:	KdoW	Baujahr:	2017
Feuerwehr:	FF Uelzen (NI, UE)	zGG:	2.500 kg
Fahrgestell:	MB GLC 220 d 4matic	Radstand:	2.873 mm
Aufbau:	Mercedes-Benz		

Das Brandschutzamt des Main-Taunus-Kreises erhielt den ersten von mehreren geleasten KdoW auf Basis des Škoda Kodiaq Scout. Das Fahrzeug hat eine Motorleistung von 190 PS, Allradantrieb und ein DSG-Getriebe. Die Sondersignalanlage und der Funkeinbau sowie die Beklebung können fur die Rückgabe einfach demontiert werden. (Bunzel)

Typ:	KdoW	Baujahr:	2018
Feuerwehr:	Brandschutzamt MTK (HE)	zGG:	2.352 kg
Fahrgestell:	Škoda Kodiaq 2,0 TDI 4x4	Radstand:	2.791 mm
Aufbau:	Eigenausbau Funk		

Für die stellvertretenden Gemeindewehrführer in Norderstedt sind 2017 zwei identische KdoW beschafft worden. Besonderheit: Beide Fahrzeuge sind mit einem selbst gefertigten „Command Post"-Tisch nach US-Vorbild ausgestattet. (kli)

Typ:	KdoW	Baujahr:	2017
Feuerwehr:	FF Norderstedt (SH, SE)	zGG:	2.320 kg
Fahrgestell:	VW Tiguan 2.0 TDI 4motion	Radstand:	2.677 mm
Aufbau:	Holzapfel		

Aus einer Landesbeschaffung für den Katastrophenschutz stammt der neue Kommandowagen der FF Bad Saarow. Auch bei den Führungsfahrzeugen setzen die zuständigen Stellen in Brandenburg weiterhin konsequent auf Allradantrieb. Dieselmotor, 1968 cm^3, 136 PS. (thw)

Typ:	KdoW	Baujahr:	2017
Feuerwehr:	FF Bad Saarow (BB, LOS)	zGG:	3.200 kg
Fahrgestell:	VW T6 4motion	Radstand:	3.000 mm
Aufbau:	Binz		

Die FF Neckartailfingen beschaffte 2018 diesen seit 2016 von Magirus als Vorführfahrzeug genutzten Kommandowagen. Er wird insbesondere auch als Fahrzeug für die First Responder der Feuerwehr eingesetzt und verfügt über eine umfangreiche Rettungsdienstausstattung. (tho)

Typ:	KdoW	Indienststellung:	2018
Feuerwehr:	FF Neckartailfingen (BW, ES)	zGG:	2.200
Fahrgestell:	Jeep Wrangler 2.8 CRD Sahara	Radstand:	k.A.
Aufbau:	Magirus		

Auch der KdoW der FF Rheinhausen wird als Fahrzeug für die First Responder der Feuerwehr genutzt. Dazu lagert eine umfangreiche Ausrüstung auf einem Auszug im Heck. Das Fahrzeug wird von einem 160-PS-Dieselmotor angetrieben. (tho)

Typ:	KdoW	Baujahr:	2017
Feuerwehr:	FF Rheinhausen (BW, EM)	zGG:	3.200 kg
Fahrgestell:	Ford Ranger 2.2 6 Speed	Radstand:	k.A.
Aufbau:	Thoma-WISS		

Erster von acht neuen ELW 1 der BF Frankfurt am Main. Der Innenausbau erfolgt überwiegend durch die eigene Kfz- und Funkwerkstatt unter Verwendung von Systembauteilen verschiedener Hersteller und besteht u.a. aus zwei vollwertigen Kommunikationsarbeitsplätzen im Fond und einem heckseitigen Regaleinbau. (Bunzel)

Typ:	ELW 1	Baujahr:	2018
Feuerwehr:	BF Frankfurt am Main (HE, F)	zGG:	3.490 kg
Fahrgestell:	MB Sprinter 316 CDI	Radstand:	3.250 mm
Aufbau:	Friederichs / Eigenausbau		

Erstmals in der jüngeren Geschichte verfügt die Feuerwehr Esslingen über einen normgetreuen ELW 1. Barth baute das Fahrzeug auf einem MB Sprinter des ungewöhnlichen Typs 416 CDI auf. (tho)

Typ:	ELW 1	Baujahr:	2018
Feuerwehr:	Fw Esslingen (BW, ES)	zGG:	4.000 kg
Fahrgestell:	MB Sprinter 416 CDI	Radstand:	3.665 mm
Aufbau:	Barth		

GSF hat in jüngster Zeit eine Reihe von ELW in Schleswig-Holstein ausgeliefert. Von ersten Überlegungen in einer Arbeitsgruppe der FF bis zur Auslieferung sind rund 2 1/2 Jahre vergangen. Zentral im Fahrzeug befindet sich ein Besprechungs- und Funktisch mit sechs Sitzplätzen. (kli)

Typ:	ELW 1	Baujahr:	2018
Feuerwehr:	FF Eddelak (SH, HEI)	zGG:	4.250 kg
Fahrgestell:	MB Sprinter 516 CDI	Radstand:	3.665 mm
Aufbau:	GSF		

Bei MB-Sprinter-Fahrgestellen hat sich auch im ELW-Bereich die 190-PS-Version etabliert. Der ELW 1 in Grevenbroich wird zuerst von den hauptamtlichen Kräften besetzt. (kli)

Typ:	ELW 1	Baujahr:	2018
Feuerwehr:	FF Grevenbroich (NW, NE)	zGG:	5.000 kg
Fahrgestell:	MB Sprinter 519 CDI	Radstand:	3.665 mm
Aufbau:	BOS Mobile Systeme		

Entsprechend ihrem teilweise ländlich strukturierten Einsatzgebiet entschied sich die FF Königslutter bei ihrem neuen ELW für Allradantrieb. Das Fahrzeug verfügt über zwei PC- und Funk-Arbeitsplätze. Funktechnik: Selectric Idecs Mobile 2. Wärmebildkamera und Messgeräte gehören ebenso zur Beladung wie Notfallrucksack mit AED, Akkuflex und Akkufräse. (thw)

Typ:	ELW 1	Baujahr:	2018
Feuerwehr:	FF Königslutter (NI, HE)	zGG:	3.800 kg
Fahrgestell:	MB Sprinter 316	Radstand:	3.665 mm
Aufbau:	BOS Mobile Systeme		

Vorrangig für die Gefahrstoffeinheit des Landkreises Oder-Spree wurde dieser ELW 1 beschafft und bei der Feuerwehr Eisenhüttenstadt stationiert. Die Gefahrstoffeinheit hat außer in Eisenhüttenstadt Standorte in Fürstenwalde und Neuzelle. (thw)

Typ:	ELW 1	Baujahr:	2018
Feuerwehr:	LK Oder-Spree (BB, LOS)	zGG:	5.000 kg
Fahrgestell:	MB Sprinter 516 CDI 4x4	Radstand:	3.665 mm
Aufbau:	Binz		

Der neue ELW 1 der FF Oberursel-Mitte verfügt über 150 PS Motorleistung und ist mit einem DSG-Getriebe ausgestattet. Während die Schrankeinbauten durch die Firma Auto Schach in Wetzlar erfolgten, wurde der Einbau der Funk- und Kommunikationsausstattung durch die hauptamtlichen Gerätewarte der FF durchgeführt. (Bunzel)

Typ:	ELW 1	Baujahr:	2017 (i.D. 2018)
Feuerwehr:	FF Oberursel (HE, HG)	zGG:	3.200 kg
Fahrgestell:	VW Bus T6 2,0 TDI	Radstand:	3.000 mm
Aufbau:	Auto Schach / Eigenausbau		

Über den kurzen Radstand von 3.000 mm verfügt der ELW 1 der FF Ötisheim. Es ist eine LED-Umfeldbeleuchtung verbaut. (tho)

Typ:	ELW 1	Baujahr:	2017
Feuerwehr:	FF Ötisheim (BW, PF)	zGG:	k.A.
Fahrgestell:	VW T6 4motion	Radstand:	3.000 mm
Aufbau:	Barth		

Die Samtgemeinde Baddeckenstedt konnte 2018 einen der ersten Feuerwehr-Crafter der neuen Generation übernehmen und stationierte ihn bei der Ortsfeuerwehr Sehlde. Zur Ausstattung zählen zwei Funkabfrageplätze, drei MRT, zehn HRT, Telefonanlage, zwei PC-Arbeitsplätze, Internet/Mail via LTE, WLAN-Accesspoint und Wärmebildkamera. (thw)

Typ:	ELW 1	Baujahr:	2018
Feuerwehr:	FF Sehlde (NI, WF)	zGG:	3.880 kg
Fahrgestell:	VW Crafter 35	Radstand:	3.640 mm
Aufbau:	Aluca		

Einen der ersten neuen VW Crafter (Modellreihe ab 2017) erhielt die OF Othfresen der FF Liebenburg. Zur umfangreichen Ausstattung zählen diverse Funkgeräte (5 x HRT, 4 x MRT), 2 x Major-BOS-Anlage, eigenes WLAN, PC mit EDP4-Software, Drucker, 4-Gas-Messgerät, Feuerwehrpläne, Halligan-Tool und ein Rettungsrucksack. (thw)

Typ:	ELW 1	Baujahr:	2018
Feuerwehr:	FF Othfresen (NI, GS)	zGG:	3.880 kg
Fahrgestell:	VW Crafter 35	Radstand:	3.640 mm
Aufbau:	Bösenberg		

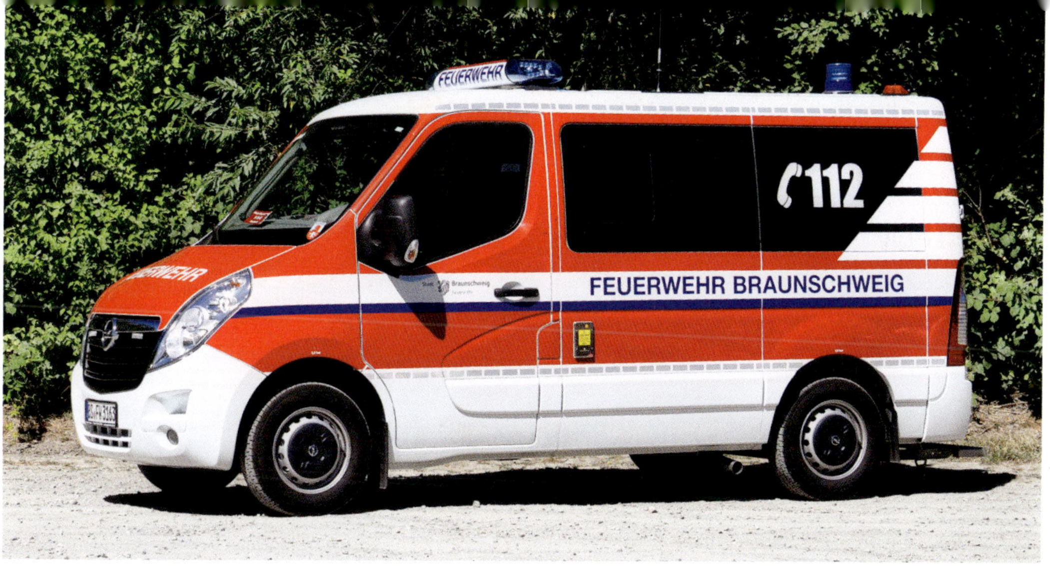

Vier derartige „Zugtruppkraftwagen" (örtliche Bezeichnung) beschaffte die Fw Braunschweig für Ortsfeuerwehren der FF. Sie verfügen nicht über die Ausstattung eines genormten ELW 1, bieten aber einen kleinen Besprechungsraum. Weitere Merkmale: zwei MRT, drei HRT, klappbarer magnetischer Tisch, gedrehte Sitzbank, diverse Einsatzunterlagen. (thw)

Typ:	ZugTrKW	Baujahr:	2017
Feuerwehr:	FF Mascherode (NI, BS)	zGG:	3.300 kg
Fahrgestell:	Opel Movano L1H1	Radstand:	3.182 mm
Aufbau:	Wagener Technik		

Die Feuerwehr Halberstadt hat in den vergangenen Jahren eine Anzahl Ford-Fahrzeuge in Dienst gestellt. Der von der Hauptamtlichen Wachbereitschaft genutzte ELW 1 verfügt über zwei PC-Arbeitsplätze mit mehreren TMO- und DMO-Digitalfunkgeräten, Telefonanlage, Drucker, Fax und ein Netzwerk/W-LAN. (thw)

Typ:	ELW 1	Baujahr:	2017
Feuerwehr:	FF Halberstadt (ST, HZ)	zGG:	3.500 kg
Fahrgestell:	Ford Transit 330 L3H2	Radstand:	3.300 mm
Aufbau:	Wagener Technik		

Von der Ortsfeuerwehr Ahrensburg wird seit 2017 der ELW 1 auf dem langen MB-Sprinter-Fahrgestell eingesetzt. Der Ausbau ist in einen Funk- (zwei Arbeitsplätze) und einen Besprechungsbereich aufgeteilt. IT- und Kommunikationstechnik entsprechen dem Stand der (Digital-) Technik. (kli)

Typ:	ELW 1	Baujahr:	2017
Feuerwehr:	FF Ahrensburg (SH, OD)	zGG:	4.250 kg
Fahrgestell:	MB Sprinter 519 CDI	Radstand:	4.325 mm
Aufbau:	Schäfer		

Auch die FF Dülmen hat einen ELW „1,5" in Dienst gestellt. Bei diesem Fahrzeug sind Funk- (zwei Arbeitsplätze im Aufbau hinter dem Fahrerhaus) und Besprechungsraum im Kofferaufbau getrennt. Auch sind heckseitig Ausrüstungsgegenstände für Versorgung und Betrieb verlastet. (kli)

Typ:	ELW 1	Baujahr:	2017
Feuerwehr:	FF Dülmen (NW, COE)	zGG:	5.000 kg
Fahrgestell:	MB Sprinter 519 CDI	Radstand:	3.665 mm
Aufbau:	WAS		

In der Größenklasse „1,5" hat die FF Schönberg ihren allradgetriebenen ELW bauen lassen. Zentral im Aufbau befindet sich der Funkraum mit zwei Arbeitsplätzen. Heckseitig sind Ausrüstungsgegenstände für Versorgung und Betrieb verlastet. Rechts am Aufbau dient ein Bildschirm zur Lagedarstellung. (kli)

Typ:	ELW 1	Baujahr:	2017
Feuerwehr:	FF Schönberg i.H. (SH, PLÖ)	zGG:	5.300 kg
Fahrgestell:	MB Sprinter 519 CDI 4x4	Radstand:	3.665 mm
Aufbau:	GSF		

Der ELW 2 verfügt über einen Funk- und Fernmelderaum mit drei Arbeitsplätzen sowie einen Besprechungsraum mit sechs Plätzen. Entsprechend dem Standard in der Region Hannover ist das Fahrzeug mit klassischen Analogfunkgeräten ausgerüstet. Weitere Ausstattungsmerkmale: Fireboard-System, Stromerzeuger 13 kVA, zwei Funkmasten. (thw)

Typ:	ELW 2	Baujahr:	2018
Feuerwehr:	FF Garbsen (NI, H)	zGG:	8.800 kg
Fahrgestell:	MAN TGL 8.180 4x2 BL	Radstand:	3.600 mm
Aufbau:	GSF		

2. Tragkraftspritzen- und Löschgruppenfahrzeuge

Die FF Wyhl am Kaiserstuhl ersetzte ein 32 Jahre altes TSF wieder durch ein TSF. Es verfügt als Sonderausstattung über einen handpneumatisch ausfahrbaren LED-Lichtmast, eine Umfeldbeleuchtung, eine Tauchpumpe TP 4/1, eine Motorkettensäge, eine Ölsperre und vier Pressluftatmer. (tho)

Typ:	TSF	Baujahr:	2018
Feuerwehr:	FF Wyhl (BW, EM)	zGG:	4.000 kg
Fahrgestell:	Iveco Daily 50-150	Radstand:	k.A.
Aufbau:	Thoma-WISS		

Ein TSF-W mit serienmäßiger Iveco-Doppelkabine beschaffte die Samtgemeinde Grasleben für die Ortsfeuerwehr Rennau. Das erste wasserführende Fahrzeug in der Geschichte des Dorfes wurde durch ein TSF auf VW LT 31 ersetzt. TS 8/8 (Rosenbauer), 750 l Löschwasser. (thw)

Typ:	TSF-W	Baujahr:	2017
Feuerwehr:	FF Rennau (NI, HE)	zGG:	6.300 kg
Fahrgestell:	Iveco Daily 65-180	Radstand:	3.750 mm
Aufbau:	BTG		

Baugleiche TSF-W beschaffte die Samtgemeinde Meinersen für drei Ortsfeuerwehren. Die integrierte Mannschaftskabine bietet im Vergleich zur serienmäßigen Doppelkabine mehr Raum. Löschwasserbehälter: 1.000 l, vier PA, davon zwei im Mannschaftsraum, C-Schlauch in Buchten als „Schnellangriffseinrichtung" im G4. (thw)

Typ:	TSF-W	Baujahr:	2017
Feuerwehr:	FF Hahnenhorn (NI, GF)	zGG:	7.200 kg
Fahrgestell:	Iveco Daily 72-180	Radstand:	3.750 mm
Aufbau:	Ziegler		

Ein TSF ist durch ein TSF-W ersetzt worden. Die PFPN 10-1000 im GR wird durch einen 1.000-l-Löschwasserbehälter eingespeist. 120 m B-Schlauch sind auf einem abklappbaren Auszug (GR) gekuppelt gelagert und können während der Fahrt verlegt werden. (kli)

Typ:	TSF-W	Baujahr:	2018
Feuerwehr:	FF Nienkattbek (SH, RD)	zGG:	7.200 kg
Fahrgestell:	Iveco Daily 72-180 4x4	Radstand:	3.750 mm
Aufbau:	Ziegler (Mühlau)		

Aus einer Beschaffungsserie von vier Fahrzeugen erhielt die Ortsfeuerwehr Immendorf der FF Salzgitter dieses neue TSF-W. PFPN 10-1500 von Rosenbauer, 1.000 l Wasser, Schaumpistole, Stromerzeuger 9 kVA (Endress ESE 954 DBG ES DIN). (thw)

Typ:	TSF-W	Baujahr:	2017
Feuerwehr:	FF Immendorf (NI, SZ)	zGG:	8.800 kg
Fahrgestell:	MAN TGL 8.180 4x2 BL	Radstand:	3.600 mm
Aufbau:	Meinicke		

Ein abgängiges TSF wurde bei der FF Bechtsbüttel (Samtgemeinde Papenteich) durch dieses MLF ersetzt. FPN 10-1000, 1.000 l Wasser, Einrichtung zur schnellen Wasserabgabe. Lichtmast mit sechs LED-Scheinwerfern, Eisemann-Stromerzeuger 6,5 kVA. Besonderheit: Im rückwärtigen Geräteraum sind 240 m B-Druckschlauch in Buchten zur Verlegung während der Fahrt gelagert. (thw)

Typ:	MLF	Baujahr:	2017
Feuerwehr:	FF Bechtsbüttel (NI, GF)	zGG:	7.200 kg
Fahrgestell:	Iveco Daily 72-180	Radstand:	3.750 mm
Aufbau:	Ziegler		

Die Ortsfeuerwehr Adelheidsdorf (Samtgemeinde Wathlingen) erhielt ein MLF mit einer FPN 10-2000, PFPN 10-1000 und 1.000-l-Löschwasserbehälter. Stromerzeuger Bosch BSKA 5, Beleuchtungssatz, Vanguard-Lüfter und LED-Lichtmast sind weitere Merkmale des Fahrzeuges. (thw)

Typ:	MLF	Baujahr:	2017
Feuerwehr:	FF Adelheidsdorf (NI, CE)	zGG:	8.800 kg
Fahrgestell:	MAN TGL 8.180 4x2 BB	Radstand:	3.600 mm
Aufbau:	Ziegler		

Das MLF der Feuerwehr Friesenheim ist mit einem ZF-TipMatic-Getriebe ausgestattet. Als Feuerlöschkreiselpumpe fand eine Godiva-FPN 10-1500 Verwendung. Der Löschwasserbehälter hat ein Fassungsvermögen von 1.000 l und der pneumatische Lichtmast verfügt über sechs LED-Scheinwerfer. (Bunzel)

Typ:	MLF	Baujahr:	2017
Feuerwehr:	FF Friesenheim (BW, OG)	zGG:	8.800 kg
Fahrgestell:	MAN TGL 8.220 4x2 BB	Radstand:	3.600 mm
Aufbau:	Thoma-WISS		

Das LF 10 mit Automatikgetriebe verfügt außer der FPN 10-2000 über eine FireDos-Druckzumischanlage. An Löschmitteln werden 1.600 l Wasser und 120 l Schaummittel mitgeführt. Erwähnenswert sind der pneumatische Lichtmast mit vier LED-Scheinwerfern und die Einpersonen-Haspel. (Bunzel)

Typ:	LF 10	Baujahr:	2017
Feuerwehr:	FF Gelnhausen (HE, MKK)	zGG:	15.000 kg
Fahrgestell:	Iveco 150 E 30 W	Radstand:	3.915 mm
Aufbau:	Magirus		

Die Abteilung Jesingen nutzt dieses LF 10 seit 2018 als Ersatz für ein LF 8. Es führt 1.200 l Wasser und 40 Liter Schaummittel in Tanks mit. Die Schaumzumischung erfolgt über eine Druckzumischanlage CaddiSYS 30, FPN 10-2000. (tho)

Typ:	LF 10	Baujahr:	2017
Feuerwehr:	FF Kirchheim/Teck (BW, ES)	zGG:	13.000 kg
Fahrgestell:	FF 150 E 30 W	Radstand:	3.915 mm
Aufbau:	Magirus		

Das LF 10 der FF Neckarsulm wird nicht nur im Löschzug, sondern auch als Kleinalarmfahrzeug eingesetzt und ist entsprechend ausgestattet. Die Löschmittelbehälter fassen 1.600 l Wasser und 120 l Schaummittel, eine FPN 10-2000 (N25) ist eingebaut. Eine Druckzumischanlage ist nicht vorhanden. (tho)

Typ:	LF 10	Baujahr:	2018
Feuerwehr:	FF Neckarsulm (BW, HN)	zGG:	12.000 kg
Fahrgestell:	MAN TGL 12.250 4x2 BB	Radstand:	k.A.
Aufbau:	Rosenbauer		

Optisch gefällig wirkt das LF 10 der FF Erkenbrechtsweiler am Trauf der Schwäbischen Alb. Das Fahrzeug verfügt über einen 1.600-l-Löschwasserbehälter und eine FPN 10-2000. Es wird eine dreiteilige Schiebleiter mitgeführt. (tho)

Typ:	LF 10	Aufbau:	Magirus
Feuerwehr:	FF Erkenbrechtsweiler (BW, ES)	Baujahr:	2017
		zGG:	13.000 kg
Fahrgestell:	MAN TGM 13.290 4x4 BL FW	Radstand:	k.A.

Zur Beladung des LF 10 gehört eine PFPN 10-1500 (G1). Im GR sind oberhalb des Pumpenbedienstandes (FPN 10-1000) 400 m B-Schlauch gekuppelt untergebracht. Es werden 1.200 l Löschwasser mitgeführt. Das Fahrzeug wird als Ergänzungsfahrzeug eingesetzt und rückt demzufolge als Zweites ab. (kli)

Typ:	LF 10	Baujahr:	2017
Feuerwehr:	FF Felde (SH, RD)	zGG:	14.500 kg
Fahrgestell:	MAN TGM 13.290 4x4 BL FW	Radstand:	3.950 mm
Aufbau:	Lentner		

Eines von zwei BAI-LF-10 mit Einzelbereifung in Lübeck (FF Paddelügge-Buntekuh - FPN 10-2000 (Hale Godiva KP 1), 1.200-l-Löschwasserbehälter, PFPN 10-1500 (G1), zwei Pressluftatmer im Mannschaftsraum entgegen der Fahrtrichtung, Lichtmast (4 x LED, pneumatisch betätigt). (kli)

Typ:	LF 10	Baujahr:	2018
Feuerwehr:	FF Lübeck (SH, HL)	zGG:	13.000 kg
Fahrgestell:	MAN TGM 13.250 4x4 BL	Radstand:	3.950 mm
Aufbau:	BAI		

Ungewöhnlich ist der für ein Fahrzeug dieses Typs lange Radstand - FPN 10-2000, 1.200 l Wasser, Zusatzbeladung Waldbrand, sechs PA, Lichtmast mit vier LED-Strahlern, Stromerzeuger 9 kVA (Endress), Vanguard-Lüfter, Notfallrucksack und zwei Absturzsicherungssätze. (thw)

Typ:	LF 10	Baujahr:	2018
Feuerwehr:	FF Hohne (NI, CE)	zGG:	14.000 kg
Fahrgestell:	MAN TGM 13.290 4x4 BB	Radstand:	4.250 mm
Aufbau:	Magirus		

Auf einem 15-t-Straßenfahrgestell hat die FF Ellerhoop ihr LF 10 aufbauen lassen. Ausstattung: FPN 10-2000, 1.200-l-Löschwasserbehälter, PFPN 10-1500, EPH (Schlauch). Zusatzbeladung mit einem hydraulischen Hilfeleistungssatz (Weber). (kli)

Typ:	LF 10	Baujahr:	2017
Feuerwehr:	FF Ellerhoop (SH, PI)	zGG:	15.000 kg
Fahrgestell:	MAN TGM 15.290 4x2 BL	Radstand:	4.125 mm
Aufbau:	Magirus		

Zehn baugleiche LF 10 sind für die Abteilungen der FF Ingolstadt beschafft worden. Ausstattung: FPN 10-2000 (N25), Behälter für 1.200 l Löschwasser und 125 l Schaummittel, Druckzumischanlage Digimatic. (Profeld)

Typ:	LF 10	Baujahr:	2017
Feuerwehr:	FF Ingolstadt (BY, IN)	zGG:	13.000 kg
Fahrgestell:	MB Atego 1326 AF	Radstand:	3.860 mm
Aufbau:	Rosenbauer (Leonding)		

Fast baugleich mit dem Fahrzeug der hauptamtlichen Wache ist das LF 10 der Abteilung Stadtmitte der FF Tübingen. Es dient entsprechend als Redundanz und verfügt daher über Wechselmodule. Löschtechnik: 1.200 l Wasser, 120 l Schaummittel, FPN 10-2000, Druckzumischanlage AutoMix 30 DE. (tho)

Typ:	LF 10	Baujahr:	2018
Feuerwehr:	FF Tübingen (BW, TÜ)	zGG:	12.500 kg
Fahrgestell:	MB Atego 1329 F	Radstand:	k.A.
Aufbau:	Schlingmann		

Am östlichen Stadtrand von Wuppertal stehen in Anpassung an die hügelige, ländliche Geländestruktur zwei LF 10 mit grobstolliger Einzelbereifung und kurzem Radstand, die mit einer FPN 10-2000 und einem 1.200-l-Löschwasserbehälter ausgestattet sind. (kli)

Typ:	LF 10	Baujahr:	2017
Feuerwehr:	FF Wuppertal (NW, W)	zGG:	13.100 kg
Fahrgestell:	MB Atego 1329 AF	Radstand:	3.610 mm
Aufbau:	Schlingmann		

Speziell zur Nutzung durch die Jugendfeuerwehr ist das LF 10 beschafft worden. „Zielgruppenorientierte" Beladung: C-Saugschläuche, D-Armaturen, Tragkraftspritze TS 2/5, Lagerung im unteren Aufbaubereich. Unabhängig davon ist es ein vollwertiges LF: FPN 10-2000, 1.300-l-Löschwasser, Lichtmast 4 x LED (pneumatisch). (kli)

Typ:	LF 10	Baujahr:	2017
Feuerwehr:	FF Wermelskirchen (NW, GL)	zGG:	13.500 kg
Fahrgestell:	MB Atego 1330 F	Radstand:	3.860 mm
Aufbau:	Magirus		

Das LF 10 wird im Besonderen für die Brandbekämpfung und die Wasserförderung eingesetzt: FPN 10-3000 (N35), 1.200-l-Löschwasserbehälter, 125-l-Schaummitteltank, Druckzumischanlage Digimatic 42 (elektrisch angetrieben, elektronisch gesteuert), Pump-&-Roll-Betrieb möglich, Lichtmast 6 x LED (Fireco). (kli)

Typ:	LF 10	Baujahr:	2017
Feuerwehr:	FF Appen (SH, PI)	zGG:	16.000 kg
Fahrgestell:	MB Atego 1530 F	Radstand:	4.160 mm
Aufbau:	Rosenbauer (Luckenwalde)		

FPN 10-2000, 2000 l Wasser, 120 l Schaummittel im Tank und PFPN 10-1500. Vier PA werden im Mannschaftsraum mitgeführt. Ein Lichtmast mit vier LED-Strahlern und ein elektrischer Tiefsauger (1.000 l/min) ergänzen die Ausstattung. Zweimal drei Saugschläuche liegen gekuppelt auf einer Entnahmehilfe auf dem Dach. (thw)

Typ:	LF 10	Baujahr:	2017
Feuerwehr:	FF Hustedt (NI, CE)	zGG:	16.000 kg
Fahrgestell:	MB Atego 1629 F	Radstand:	3.860 mm
Aufbau:	Lentner		

Das HLF 10 der OF Heinde der FF Bad Salzdetfurth ist mit einer FPN 10-2000 ausgestattet und führt 1.200 l Löschwasser mit. Im G1 ist eine PFPN 10-1.500 gelagert. Vier PA im Mannschaftsraum, hydraulischer Rettungssatz von Lukas, pneumatisch betriebener Lichtmast mit vier LED-Strahlern am Heck angebaut. (thw)

Typ:	HLF 10	Indienststellung:	2018
Feuerwehr:	FF Heinde (NI, HI)	zGG:	15.500 kg
Fahrgestell:	MAN TGM 15.290	Radstand:	3.825 mm
Aufbau:	Schlingmann		

Die Eckdaten des neuen HLF 10 der Ortsfeuerwehr Mehringen (Stadt Aschersleben) lauten: FPN 10-1000, 2.000 l Wasser, PFPN 10-1000, Schnellangriffseinrichtung mit Hochdruckschlauch, hydraulischer Rettungssatz u.a. mit Lukas LKS 55 EN und LS 200, Stromerzeuger Endress ESE 957, Leader-Lüfter. (thw)

Typ:	HLF 10	Baujahr:	2017
Feuerwehr:	FF Mehringen (ST, SLK)	zGG:	16.000 kg
Fahrgestell:	MAN TGM 13.290 4x4 BL FW	Radstand:	3.860 mm
Aufbau:	Magirus		

Bis auf tragbare Leitern wird komplett auf eine Dachbeladung verzichtet. Die umfangreiche Beladung ist vollständig im Aufbau verlastet, darunter auch eine Spillwinde und eine Schleifkorbtrage. Löschtechnik des Fahrzeugs der Abteilung Grötzingen: FPN 10-3000 (N35), 1.000 l Wasser, 200 l Schaummittel, fest eingebauter Z4-Zumischer. (tho)

Typ:	HLF 10	Baujahr:	2018
Feuerwehr:	FF Aichtal (BW, ES)	zGG:	13.000 kg
Fahrgestell:	MAN TGM 13.290 4x4 BL FW	Radstand:	3.950 mm
Aufbau:	Rosenbauer		

Das mit einer N35 (FPN 10-3000) ausgestattete Fahrzeug in CL-Bauweise hat einen Löschwasserbehälter mit 1.600 l Inhalt und verfügt über einen pneumatisch ausfahrbaren Lichtmast mit sechs LED-Scheinwerfern. Eine umfangreiche Hilfeleistungsausstattung wird mitgeführt. Die Lackierung erfolgte in Tagesleuchtrot RAL 3024. (Bunzel)

Typ:	HLF 10	Baujahr:	2017
Feuerwehr:	FF Walldorf (BW, HD)	zGG:	13.500 kg
Fahrgestell:	MB Atego 1330 F	Radstand:	3.860 mm
Aufbau:	Rosenbauer (CL)		

Auffällige Bauart: LF 10 der Löschgruppe Boelerheide auf einem 18-t-Fahrgestell und Ladebordwand (Sörensen X4A 2000) mit einer FPN 10-3000, ausgeführt als Midshippumpe, und Abgängen auf beiden Fahrzeugseiten (1.600 l Löschwasser). Im Heck-Laderaum können drei Rollcontainer (1 x Schaum, 2 x Gitterbox) eingestellt werden. Zwei baugleiche Fahrzeuge sind beschafft worden. (kli)

Typ:	LF 10-L	Baujahr:	2017
Feuerwehr:	FF Hagen (NW, HA)	zGG:	18.000 kg
Fahrgestell:	Scania P 310 CB 4x4 HHZ	Radstand:	4.300 mm
Aufbau:	Lentner		

Das LF 10 KatS entspricht der vom Land Hessen in Auftrag gegebenen Landesbeschaffung, wurde jedoch mit kommunalen Finanzmitteln beschafft. Die Ausstattung umfasst u.a. FPN 10-2000, 1.200-l-Löschwasserbehälter, PFPN 10-1000 (Rosenbauer Fox) im G2 auf Entnahmelift und manuellen Lichtmast mit zwei 1.000-Watt-Scheinwerfern. (Bunzel)

Typ:	LF 10 KatS	Baujahr:	2017
Feuerwehr:	FF Hochheim a.M. (HE, MTK)	zGG:	13.000 kg
Fahrgestell:	MB Atego 1323 AFE	Radstand:	3.860 mm
Aufbau:	Ziegler		

Bei der Beschaffung des kompakten LF 20 entschied sich die FF Hofheim für die von Rosenbauer erstmals als LF 20 angebotene CL-Ausführung. Das Fahrzeug ist mit einer FPN 10-2000, einem Leader-Mix 200-1000-Schaumdosiersystem und einem 2.000-l-Löschwasserbehälter sowie 200 l Schaummitteltank ausgestattet. (Bunzel)

Typ:	LF 20	Baujahr:	2017
Feuerwehr:	FF Hofheim a.T. (HE, MTK)	zGG:	12.000 kg
Fahrgestell:	MAN TGL 12.250 4x2 BB	Radstand:	3.900 mm
Aufbau:	Rosenbauer (CL)		

Wiedererkennungswert bei der FF Haar: rote Rollläden der Fahrzeugaufbauten. LF 20 mit 2.400-l-Löschwasserbehälter und 120-l-Schaummitteltank (FPN 10-3000, Druckzumischanlage AutoMix 30 DE). Am Heck befinden sich zwei Einpersonen-Haspeln. (Profeld)

Typ:	LF 20	Baujahr:	2018
Feuerwehr:	FF Haar (BY, M)	zGG:	15.500 kg
Fahrgestell:	MAN TGM 13.290 4x4 BL	Radstand:	4.250 mm
Aufbau:	Schlingmann		

Das LF 20 verfügt über einen Aufbau der Varus-Serie. Das in Leuchtrot RAL 3026 folierte LF ist mit einer FPN 10-2000 und einer Druckzumischanlage AutoMix 30 DE ausgestattet. 2.000 l Wasser und 120 l Schaummittel werden mitgeführt. (Bunzel)

Typ:	LF 20	Baujahr:	2018
Feuerwehr:	FF Neuhof (HE, FD)	zGG:	14.500 kg
Fahrgestell:	MAN TGM 13.290 4x4 BL FW	Radstand:	4.250 mm
Aufbau:	Schlingmann		

In dieser Konfiguration als LF 20 ungewöhnlich – MAN-18-t-Fahrgestell, FPN 10-3000, 4.000-l-Löschwasserbehälter, PFPN 10-1000 (Hale Powerflow GP 17/10), Frontsprühdüsen, Pump-&-Roll-Betrieb, ferngesteuerter Frontwerfer (Alco APF 2-DC), Beladungssatz Waldbrand, Einzelbereifung 395/85R20 mit Off-Road-Profil. (kli)

Typ:	LF 20	Baujahr:	2017
Feuerwehr:	FF Sandhatten (NI, OL)	zGG:	18.000 kg
Fahrgestell:	MAN TM 18.340 4x4 BB	Radstand:	4.200 mm
Aufbau:	Schlingmann		

Das LF 20 ist nach einem LF 10 das zweite Löschfahrzeug von Walser bei der FF Fulda. Das mit einem Allison-Automatikgetriebe ausgestattete Fahrzeug verfügt über eine Johstadt-FPN-10-3000, ein Leader-Mix-200-1000-Schaumdosiersystem, einen 2.000-l-Löschwasserbehälter, einen 120-l-Schaummitteltank und einen pneumatischen Lichtmast mit acht LED-Scheinwerfern. (Bunzel)

Typ:	LF 20	Baujahr:	2017
Feuerwehr:	FF Fulda (HE, FD)	zGG:	14.500 kg
Fahrgestell:	MB Atego 1329 AF	Radstand:	3.860 mm
Aufbau:	Walser		

LF 20 mit Gruppenkabine Ziegler-Z-Cab-New-Generation: FPN 10-2000-1HL, 2.400 l Löschwasser, 220 l Schaummittel, Druckzumischanlage Foamsystem 24, 2 EPH Schlauch, mechanische Leiterentnahmehilfe und Lichtmast (6 x LED, pneumatisch). Zur Beladung gehören Handfeuerlöscher, u.a. Metallbrand, CO_2, HiCAFS. (kli)

Typ:	LF 20	Baujahr:	2017
Feuerwehr:	FF Uetersen (SH, PI)	zGG:	15.500 kg
Fahrgestell:	MB Atego 1527 AF	Radstand:	4.160 mm
Aufbau:	Ziegler		

Das LF 20 führt 2.000 l Wasser und 40 l AFFF-Schaummittel mit und verfügt über eine FPN 10-3000 (N35), eine FixMix-Zumischanlage sowie einen fernsteuerbaren Dachwerfer RM25C. Die tragbaren Leitern sind auf Entnahmehilfen gelagert. (tho)

Typ:	LF 20	Baujahr:	2017
Feuerwehr:	FF Gaggenau (BW, RA)	zGG:	14.500 kg
Fahrgestell:	MB Atego 1530 AF	Radstand:	4.160 mm
Aufbau:	Rosenbauer		

Die FF Langen erhielt von ihrem „Hauslieferanten" Walser mit einem StLF 20/25 bereits das vierte Fahrzeug. Die feuerwehrtechnischen Einbauten umfassen u.a. eine FPN 10-2000, einen 2.500-l-Löschwasserbehälter, einen 250-l-Schaummittelbehälter und einen pneumatisch ausfahrbaren Lichtmast mit acht LED-Scheinwerfern. (Bunzel)

Typ:	StLF 20/25	Baujahr:	2017
Feuerwehr:	FF Langen (HE, OF)	zGG:	14.500 kg
Fahrgestell:	MAN TGM 13.290 4x4 BL	Radstand:	3.950 mm
Aufbau:	Walser		

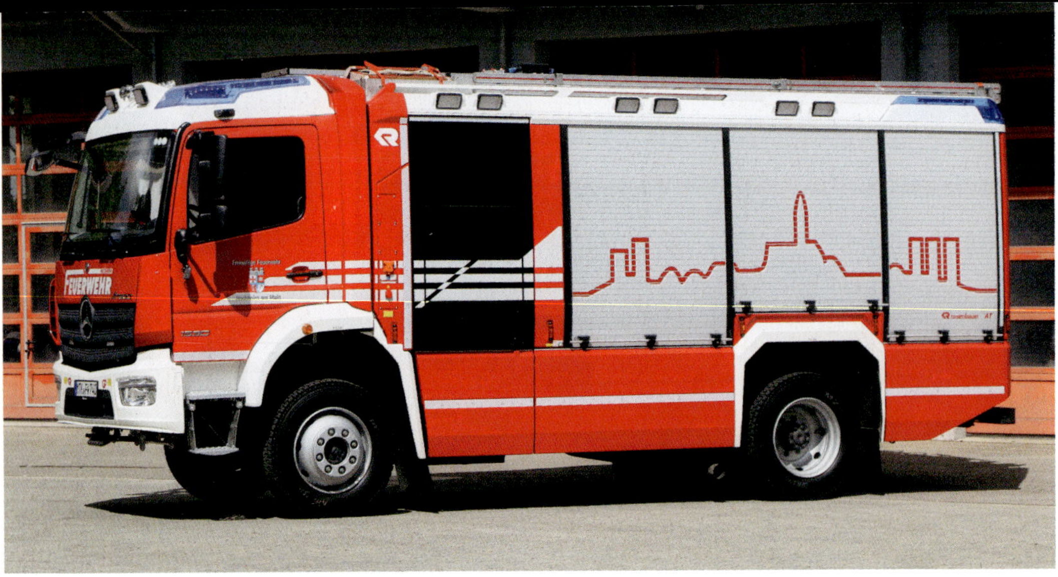

Das StLF 20/25 wurde von Rosenbauer in der aktuellen AT-Ausführung aufgebaut und verfügt über eine N35 (FPN 10-3000), 3.000-l-Löschwasserbehälter und einen pneumatischen Lichtmast mit sechs LED-Scheinwerfern. Der Euro-6-Atego ist mit einem Telligent-Getriebe ausgestattet und hat eine Motorleistung von 299 PS. (Bunzel)

Typ:	StLF 20/25	Baujahr:	2018
Feuerwehr:	FF Hochheim a. M. (HE, MTK)	zGG:	15.000 kg
Fahrgestell:	MB Atego 1530 AF	Radstand:	3.860 mm
Aufbau:	Rosenbauer (Luckenwalde)		

Auffälliges Design: Die Seiten der Mannschaftskabine ziert das Bildnis eines Feuerwehrmanns, wie es aus der Schweiz bekannt ist. Ausrüstung: FPN 10-2000, Löschwasser-/Schaummitteltank (2.000 l, 200 l) mit Schaumanlage CaddiSys. Auch ein Rettungssatz gehört zur Beladung. (Profeld)

Typ:	HLF 20	Baujahr:	2017
Feuerwehr:	FF Neuburg a.d.D. (BY, ND)	zGG:	15.000 kg
Fahrgestell:	Iveco FF 150 E 30 W	Radstand:	4.150 mm
Aufbau:	Magirus		

Dieses HLF 20 ist der Löschgruppe Steinhausen zugeordnet und ersetzt ein TLF 16/25. Die PFN 10-2000 wird durch einen 2.000-l-Löschwasserbehälter gespeist. (kli)

Typ:	HLF 20	Baujahr:	2017
Feuerwehr:	FF Büren (NW, PB)	zGG:	15.000 kg
Fahrgestell:	Iveco 150 E 30 W 4x4	Radstand:	4.150 mm
Aufbau:	Magirus		

Eines von drei baugleichen HLF 20 nach Norm. Sie verfügen über den aktuellen ALPAS-Aufbau und den Z-Cab-Mannschaftsraum. Als Pumpe fand eine FPN 10-2000 Verwendung und der Löschwasserbehälter fasst 1.600 l. Der pneumatische Lichtmast ist mit zwei 1.000-Watt-Scheinwerfern bestückt. (Bunzel)

Typ:	HLF 20	Baujahr:	2017
Feuerwehr:	HLFS Kassel (HE, KS)	zGG:	15.000 kg
Fahrgestell:	MAN TGM 13.250 4x4	Radstand:	3.950 mm
Aufbau:	Ziegler		

Als Ersatz für ein verunglücktes Fahrzeug benötigte die Feuerwehr schnell ein neues HLF 20. So konnte dieses 2016 gebaute ehemalige Vorführfahrzeug im Frühjahr 2018 in Dienst gestellt werden. Es führt außer der Normausstattung eine FPN 10-2000 und einen 2.000-l-Löschwasserbehälter mit. (tho)

Typ:	HLF 20	Indienststellung:	2018
Feuerwehr:	FF Frickenhausen (BW, ES)	zGG:	15.000 kg
Fahrgestell:	MAN TGM 13.290 4x4 BL FW	Radstand:	k.A.
Aufbau:	Magirus		

Das HLF 20 der Ortsfeuerwehr Eicklingen (Samtgemeinde Flotwedel) ist mit einer FPN 10-3000 (Rosenbauer N 35) ausgerüstet. 2.400 l Löschwasser, 120-l-Schaummitteltank, sechs PA, davon vier im Mannschaftsraum, Weber SP 49 und S 270-71, Leader-Lüfter, Schnellangriffseinrichtung Strom, Stromerzeuger Eisemann BSKA 9, Werfer AWG 1260 HH, Zusatzbeladung Waldbrand. (thw)

Typ:	HLF 20	Baujahr:	2017
Feuerwehr:	FF Eicklingen (NI, CE)	zGG:	16.000 kg
Fahrgestell:	MAN TGM 13.290 4x4 BL FW	Radstand:	4.250 mm
Aufbau:	Rosenbauer		

Fahrzeug für eine „Atemschutz-Notfall-Trainierte-Staffel" nach Berliner Vorbild. Im Mannschaftsraum befinden sich vier Langzeit-Pressluftatemschutzgeräte. Löschmittel bzw. -technik: 2.000 l Löschwasser, 180 l Schaummittel, Druckzumischanlage Digimatic 22, 2 EPH (Schlauch, Verkehrssicherung), Multifunktionsleiter; Hilfeleistungssatz (Schneidgerät RSU 200-107 und Spreizer SP 53, Weber). (kli)

Typ:	HLF 20	Baujahr:	2017
Feuerwehr:	FF Heide (SH, HEI)	zGG:	16.000 kg
Fahrgestell:	MAN TGM 13.290 4x4 BL FW	Radstand:	4.250 mm
Aufbau:	Rosenbauer (Luckenwalde)		

Ein Vorführfahrzeug hat die FF Hemme 2017 erworben. Ausstattung: FPN 10-2000 (Ruberg), 2.200-l-Löschwasserbehälter und 120-l-Schaummitteltank. Zum Hilfeleistungssatz gehören ein hydraulisches Schneidgerät S 270-71 und ein Spreizer SP 49 (Weber). Ferner: Pneumatisch bedienbarer Lichtmast (6 x LED) mit elektrisch verstellbarer Brücke. (kli)

Typ:	HLF 20	Baujahr:	2016
Feuerwehr:	FF Hemme (SH, HEI)	zGG:	15.500 kg
Fahrgestell:	MAN TGM 13.290 4x4 BL FW	Radstand:	4.250 mm
Aufbau:	Thoma-WISS		

Die Ortsfeuerwehr Rensefeld besetzt das HLF 20 mit einer FPN 10-3000, einem 2.000-l-Löschwasserbehälter und einem 120-l-Schaummitteltank (DZA AutoMix 30 DE). Auf dem Aufbaudach befinden sich ein Wasserwerfer, im Mannschaftsraum vier Pressluftatmer. Am Heck sind zwei EPH (1 x Verkehrsabsicherung, 1 x Schlauch) eingehakt. (kli)

Typ:	HLF 20	Baujahr:	2018
Feuerwehr:	FF Bad Schwartau (SH, OH)	zGG:	15.000 kg
Fahrgestell:	MAN TGM 15.290 4x2 BL FW	Radstand:	4.125 mm
Aufbau:	Schlingmann		

Universell für Brand- und TH-Einsätze ausgestattetes HLF einer kleineren Berufsfeuerwehr. Zur Ausstattung gehören: FPN 10-2000, Löschmittelbehälter 2.000 l Wasser und 120 l Mehrbereichsschaummittel, Druckzumischanlage Archimedos 1600 (Lentner), maschinelle Zugeinrichtung Rotzler TR 030/6, hydraulischer Rettungssatz, Beleuchtungssystem Quicklight 50. (kli)

Typ:	HLF 20	Baujahr:	2017
Feuerwehr:	BF Minden (NW, MI)	zGG:	18.000 kg
Fahrgestell:	MAN TGM 18.290 4x2 BB	Radstand:	4.125 mm
Aufbau:	Lentner		

Ein HLF 20 mit Straßenantrieb und „Varus"-Aufbau. Besonderheiten: FPN 10-3000 als Midship-Pumpe (2.400 l Löschwasser), verlängerte Gruppenkabine mit sechs PA im Mannschaftsraum und begehbare Geräteräume G2 und G6 mit Werkzeugschwenkwänden. Weiterhin: Rotzler-Winde TR 030/6 und Lichtmast (pneumatisch) 6 x LED. (kli)

Typ:	HLF 20	Baujahr:	2017
Feuerwehr:	FF Schwelm (NW, EN)	zGG:	18.000 kg
Fahrgestell:	MAN TGM 18.340 4x2 BB	Radstand:	4.425 mm
Aufbau:	Schlingmann		

Besonderheiten: 3.000-l-Löschwasserbehälter und höher ausgeführte Mannschaftskabine (120 mm). Weitere Ausstattung: FPN 10-2000, DZA AutoMix 30 DE, Lichtmast mit sechs LED-Scheinwerfern (pneumatisch), mechanische Leiterentnahmehilfe und eine EPH (Schlauch). (kli)

Typ:	HLF 20	Baujahr:	2017
Feuerwehr:	FF Havixbeck (NW, COE)	zGG:	18.000 kg
Fahrgestell:	MAN TGM 18.340 4x4 BB	Radstand:	4.200 mm
Aufbau:	Schlingmann		

Die löschtechnischen Einrichtungen dieses HLF 20 umfassen eine FPN 10-3000 (N35), einen 2.400 l fassenden Löschwasserbehälter und eine Schnellangriffseinrichtung mit 50 m Formtex-Druckschlauch. Aus Gründen der Bauhöhe wurde auf Leiter-Entnahmehilfen verzichtet. (tho)

Typ:	HLF 20	Baujahr:	2018
Feuerwehr:	FF Bad Dürkheim (RP, DÜW)	zGG:	15.000 kg
Fahrgestell:	MAN TGM 18.340 4x4 BB	Radstand:	4.250 mm
Aufbau:	Rosenbauer		

In Bonn sind fünf baugleiche HLF 20 mit Allison-Automatikgetriebe (Besatzung 1/1/3/5) beschafft worden, davon zunächst ein Prototyp: FPN 10-2000, 2.000-l-Löschwasserbehälter, 200-l-Schaummitteltank, keine Druckzumischanlage, Lichtmast (6 x LED). Schneidgerät, Spreizer und Rettungszylinder sind akkubetrieben (Lukas). (kli)

Typ:	HLF 20	Baujahr:	2017
Feuerwehr:	BF Bonn (NW, BN)	zGG:	16.000 kg
Fahrgestell:	MB Atego 1629 AF	Radstand:	3.860 mm
Aufbau:	Lentner		

Bei ihrem neuen HLF 20 entschied sich die FF Kleinmachnow für den Schlingmann-Varus-Aufbau. Die Saugschläuche sind – teilweise zusammengekuppelt – am abkippbaren Leiterschlitten gelagert. FPN 10-2000, 1.600 l Wasser, 120-l-Schaummitteltank, Winde Rotzler TR 030/6, hydraulische Rettungsgeräte: Weber RSU 200-107, Weber SP 53 BS. (thw)

Typ:	HLF 20	Baujahr:	2017
Feuerwehr:	FF Kleinmachnow (BB, PM)	zGG:	16.000 kg
Fahrgestell:	MB Atego 1629 AF	Radstand:	4.160 mm
Aufbau:	Schlingmann		

Das HLF der Ortsfeuerwehr Brumby (Stadt Staßfurt) verfügt über eine Rotzler-Seilwinde vom Typ TR 030/6 – zum Einsatzgebiet der Feuerwehr gehört die vielbefahrene A 14. Weitere Daten: FPN 10-2000, 2.000 l Wasser, 120-l-Schaummitteltank, Schneid-gerät Weber S 220-54, Spreizer Weber SP 49, Stromerzeuger 9 kVA (Endress). (thw)

Typ:	HLF 20	Baujahr:	2018
Feuerwehr:	FF Brumby (ST, SLK)	zGG:	16.000 kg
Fahrgestell:	MB Atego 1527 AF	Radstand:	4.160 mm
Aufbau:	Ziegler		

Das HLF 20 wurde von Rosenbauer in der AT-Variante auf einem MB-Atego-Euro-6-Fahrgestell aufgebaut. Die feuerwehrtechnische Ausstattung umfasst N35 (FPN 10-3000), Druckzumischanlage Digimatic 22, EPS-XS-Einbaugenerator 11 kVA, 1.600-l-Löschwasserbehälter, 125-l-Schaummitteltank und einen pneumatischen Lichtmast mit sechs LED-Scheinwerfern. (Bunzel)

Typ:	HLF 20	Baujahr:	2017
Feuerwehr:	FF Dietzenbach (HE, OF)	zGG:	15.000 kg
Fahrgestell:	MB Atego 1530 F	Radstand:	4.160 mm
Aufbau:	Rosenbauer (Luckenwalde)		

Zwei gleiche HLF 20 stehen in der Feuer- und Rettungswache 2 in Sterkrade. Die Fahrzeuge sind u.a. ausgestattet mit: Löschwasserbehälter 1.600 l, Schaummitteltank 120 l, Feuerlöschpumpe FPN 10-3000 (Rosenbauer N35), maschinelle Zugeinrichtung Typ Rotzler TR 030/6 (50 kN). Die Schneid- und Spreizgeräte sind akkubetrieben. (kli)

Typ:	HLF 20	Baujahr:	2017
Feuerwehr:	BF Oberhausen (NW, OB)	zGG:	16.800 kg
Fahrgestell:	MB Atego 1530 AF	Radstand:	4.160 mm
Aufbau:	Rosenbauer (Luckenwalde)		

Zeitgleich mit einem TLF 4000 ist ein HLF 20 für die hauptamtliche Wache in Dienst gestellt worden: FPN 10-3000, 2.000-l-Löschwasserbehälter, 200-l-Schaummittel, Zugeinrichtung Rotzler TR 030/6, hydraulischer Rettungssatz (SP 53 BS, RSU 200-107, Weber), Lichtmast 8 x LED (Flexilight). (kli)

Typ:	HLF 20	Baujahr:	2018
Feuerwehr:	FF Bad Oeynhausen (NW, MI)	zGG:	18.000 kg
Fahrgestell:	Scania P 320 CB 4x4 HHZ	Radstand:	4.300 mm
Aufbau:	Rosenbauer (Luckenwalde)		

Die BF Karlsruhe stellte dieses HLF 20 mit der Bezeichnung „HLF 20 AT" auf dem Typenschild an der Feuerwache West in Dienst. Es führt eine FPN 10-3000 (N35) und einen 2.000 l fassenden Löschwasserbehälter mit. (tho)

Typ:	HLF 20	Baujahr:	2017
Feuerwehr:	BF Karlsruhe (BW, KA)	zGG:	18.000 kg
Fahrgestell:	Scania P 360 DB 4x2 MNB	Radstand:	4.330 mm
Aufbau:	Rosenbauer		

Gemäß eines neuen Feuerwehrbedarfsplanes ist ein TLF 16/25 durch ein HLF 20 ersetzt worden, das 2.000 l Löschwasser und 120 l Schaummittel mitführt. Weiterhin: FPN 10-2000, Druckzumischanlage CaddiSYS 30, zwei EPH (Schlauch, Verkehrssicherung), hydraulischer Rettungssatz (Schneidgerät RSX 180-80, Spreizer SP 53 RS (Weber). (kli)

Typ:	HLF 20	Baujahr:	2018
Feuerwehr:	FF Wallenhorst (NI, OS)	zGG:	18.000 kg
Fahrgestell:	Scania P 360 CB 4x4 HHZ	Radstand:	4.300 mm
Aufbau:	Magirus		

Eines von drei baugleichen HLF auf luftgefedertem Volvo-Euro-6-Fahrgestell mit Wandler-Automatikgetriebe. Löschtechnische Ausstattung: 1.600 l Wasser, 150 l Schaummittel, FPN 10-2000, Druckzumischanlage Archimedos 24, Aufsetzbarer Dachwerfer. (tho)

Typ:	HLF 20	Baujahr:	2018
Feuerwehr:	BF Augsburg (BY, A)	zGG:	16.000 kg
Fahrgestell:	Volvo FL 42 R	Radstand:	k.A.
Aufbau:	Lentner		

Schlingmann hat erstmals die Aufbau-Variante „Varus“ auf einem Volvo-Allrad-Fahrgestell mit automatischem Allradantrieb realisiert – FPN 10-3000, Löschwasser 3.000 l, Schaummittel 120 l, Druckzumischanlage AutoMix 30 DE, Pump-&-Roll-Betrieb, vier PA im Mannschaftsraum, akkubetriebene Rettungsgeräte, zwei EPH (Schlauch, Verkehrssicherung), Lichtmast 4 x LED (pneumatisch). (kli)

Typ:	HLF 20	Baujahr:	2017
Feuerwehr:	FF Garrel (NI, CLP)	zGG:	19.000 kg
Fahrgestell:	Volvo FMX 4x4	Radstand:	4.300 mm
Aufbau:	Schlingmann		

Das LF 20 KatS der FF Mannheim-Feudenheim ist eines von zwei identisch beschafften Fahrzeugen, welche von Schlingmann aufgebaut wurden. Eine FPN 10-2000 und ein 1.000-l-Löschwasserbehälter sowie eine im G1 auf einem pneumatischen Lift gelagerte Ziegler-PFPN 10-1500 Ultra Power 4 charakterisieren das LF 20 KatS. (Bunzel)

Typ:	LF 20 KatS	Baujahr:	2016 (i.D. 2017)
Feuerwehr:	FF Mannheim (BW, MA)	zGG:	14.100 kg
Fahrgestell:	MAN TGM 13.250 4x4 BL	Radstand:	3.950 mm
Aufbau:	Schlingmann		

Eines von sechs geplanten kommunalen LF 20 KatS der Feuerwehr Bochum mit einem 1.600-l-Löschwasserbehälter (FPN 10-2000, PFPN 10-1500 {liftbar im G1}). 30 B-Druckschläuche, davon 18 Schläuche gekuppelt im GR oberhalb des Pumpenbedienstandes, verlegbar während der Fahrt. (kli)

Typ:	LF 20 KatS	Baujahr:	2017
Feuerwehr:	FF Bochum (NW, BO)	zGG:	16.000 kg
Fahrgestell:	Scania P 310 4x4 HHZ	Radstand:	4.300 mm
Aufbau:	Ziegler		

Das als LF 30/30 SL bezeichnete LF 20 der wurde auf einem MB Atego mit Allison-Automatikgetriebe aufgebaut und ist mit einer FPN 10-3000 (N35), Digimatic-Druckzumischanlage und einem Flexi-light-Lichtmast ausgestattet. An Löschmittel werden 3.000 l Wasser, 125 l Schaummittel, und je 50 kg ABC-Pulver und CO_2 mitgeführt. (Bunzel)

Typ:	LF 30/30-SL	Baujahr:	2017
Feuerwehr:	FF Weinheim (BW, HD)	zGG:	16.000 kg
Fahrgestell:	MB Atego 1629 F	Radstand:	4.160 mm
Aufbau:	Rosenbauer (Luckenwalde)		

3. Tanklöschfahrzeuge

Bei dem neuen TLF 2000 wurde aus einsatztaktischen Gründen Wert auf die Ausstattung mit einer Staffelkabine gelegt. FPN 10-1000, 3.000 l Löschwasser, Einrichtung zur schnellen Wasserabgabe, kein fest montierter Werfer. (thw)

Typ:	TLF 2000	Baujahr:	2017
Feuerwehr:	FF Lautenthal (NI, GS)	zGG:	15.000 kg
Fahrgestell:	MAN TGM 13.250 4x4 BL	Radstand:	3.825 mm
Aufbau:	Ziegler		

Ersetzt wird ein TLF 8/18 auf einem einzelbereiften VW-MAN-Fahrgestell. Gute Geländegängigkeit ist angesichts des Einsatzgebietes der Feuerwehr zwingend. FPN 10-2000, 3.000 l Löschwasser und ein Dachwerfer des Typs Alco APF 2,5-C-HH kennzeichnen die löschtechnischen Einrichtungen. (thw)

Typ:	TLF 3000	Baujahr:	2018
Feuerwehr:	FF Jembke (NI, GF)	zGG:	14.000 kg
Fahrgestell:	Iveco 150 E 30 W	Radstand:	3.240 mm
Aufbau:	Magirus		

Das TLF 3000 der FF Edemissen (FPN 10-2000, 3.000 l Wasser) ist mit einer runden Dachluke ausgerüstet. Auf dem Dach des Aufbaus befindet sich ein C-Anschluss mit fest verlegtem formstabilem Schlauch. Das Fahrzeug verfügt über eine klassische Schnellangriffseinrichtung im G6. Weitere Beladung u.a.: Zusatzbeladung Waldbrand, Vanguard-Lüfter, POK-Monitor. (thw)

Typ:	TLF 3000	Baujahr:	2017
Feuerwehr:	FF Edemissen (NI, PE)	zGG:	14.100 kg
Fahrgestell:	MAN TGM 13.290 4x4 BL	Radstand:	3.650 mm
Aufbau:	Schlingmann		

Das TLF 3000 der Ortsfeuerwehr Wenze (Stadt Klötze) verfügt über eine Staffelkabine. FPN 10-2000, Löschwasserbehälter für 4.000 l und Einrichtung zur schnellen Wasserabgabe kennzeichnen die löschtechnische Ausstattung. Ein Hilfeleistungssatz (u.a. SP 30 und S 90 L, Weber) wird ebenfalls mitgeführt. Lichtmast: 4 x LED-Strahler. (thw)

Typ:	TLF 3000	Baujahr:	2017
Feuerwehr:	FF Wenze (ST, SAW)	zGG:	14.000 kg
Fahrgestell:	MAN TGM 13.290 4x4 BB	Radstand:	3.950 mm
Aufbau:	Ziegler		

Die Abteilung Rieselfeld der FF Freiburg erhielt dieses TLF 3000. Es ersetzt ein LF 16-TS und ist auch für Einsätze im Wald vorgesehen. Löschtechnische Einrichtungen: 3.400 l Wasser, 100 l Schaummittel, Z4-Zumischer, manuell zu bedienender Dachwerfer, Ruberg-FPN 10-3000. (tho)

Typ:	TLF 3000	Baujahr:	2018
Feuerwehr:	FF Freiburg/Br. (BW, FR)	zGG:	14.000 kg
Fahrgestell:	MAN TGM 13.290 4x4 BL FW	Radstand:	3.650 mm
Aufbau:	Thoma-WISS		

Das TLF 3000 ersetzt ein TLF 16/25 aus dem Jahr 1990 – FPN 10-3000, 4.120-l-Löschwasserbehälter, vier plus zwei PA im Mannschaftsraum und Aufbau, Lichtmast (6 x LED). Aus Gründen der Fahrstabilität wurde für die Vorderreifen die Bereifung 385/65R22.5 gewählt. (kli)

Typ:	TLF 3000	Baujahr:	2017
Feuerwehr:	FF Barmstedt (SH, PI)	zGG:	16.000 kg
Fahrgestell:	MB Atego 1629 AF	Radstand:	4.160 mm
Aufbau:	Magirus		

Löschtechnische Daten des TLF: FPN 10-2000, 3.000 l Löschwasser, Einrichtung zur schnellen Wasserabgabe. Der mitgeführte Hilfeleistungssatz umfasst u.a. einen Weber-Spreizer SP 49 und ein Weber Schneidgerät des Typs RS 170-105. Stromerzeuger: Eisemann BSKA 9E. (thw)

Typ:	TLF 3000	Baujahr:	2018
Feuerwehr:	FF Elze, OF Mehle (NI, HI)	zGG:	16.000 kg
Fahrgestell:	MB Atego 1629 AF	Radstand:	3.860 mm
Aufbau:	Schlingmann		

Besondere Merkmale des TLF 3000 der Stützpunktfeuerwehr: Vier PA im Mannschaftsraum, Schaumzumischung über fest verbaute Zumischer Z4/Z8, fest verrohrter Werfer auf dem Aufbaudach, Schnellangriff in Buchten. Feuerlöschkreiselpumpe: FPN 10-2000 (PF Jöhstadt). Löschwasserbehälter: 3.000 l, Schaummitteltank: 120 l, Hilfeleistungssatz (Schneidgerät, Spreizer). (kli)

Typ:	TLF 3000	Baujahr:	2018
Feuerwehr:	FF Jaderberg (NI, BRA)	zGG:	18.000 kg
Fahrgestell:	Scania P 310 CB 4x4 HHZ	Radstand:	3.900 mm
Aufbau:	Meyer		

Das TLF 4000 wurde in der Fire-Fighter-Alu-Tech-Ausführung aufgebaut und verfügt über eine Staffelkabine. Die Ausstattung umfasst eine Empl-FPN 10-3000, eine CAFS-Anlage, einen 4.200-l-Löschwasserbehälter, 500-l-Schaummitteltank, Dachwerfer, Frontsprühbalken und einen pneumatischen Lichtmast mit vier LED-Scheinwerfern. (Bunzel)

Typ:	TLF 4000	Baujahr:	2017
Feuerwehr:	BF Potsdam (BB, P)	zGG:	18.000 kg
Fahrgestell:	MAN TGM 18.340 4x4 BB	Radstand:	4.200 mm
Aufbau:	Empl		

Lentner baute dieses TLF 4000 für die Feuerwehr Offenburg auf. Es führt 6.000 l Wasser, 500 l Schaummittel, eine FPN 10-3000 (Johstadt), eine Archimedos-Druckzumischanlage und einen Dachwerfer von AWG mit, der mittels einer Funkfernsteuerung bedient werden kann. (tho)

Typ:	TLF 4000	Baujahr:	2017
Feuerwehr:	Fw Offenburg (BW, OG)	zGG:	18.000 kg
Fahrgestell:	MAN TGM 18.340 4x4 BB	Radstand:	k.A.
Aufbau:	Lentner		

Die Hansestadt Salzwedel erwarb dieses voll ausgestattete Rosenbauer-Vorführfahrzeug für ihre Ortsfeuerwehr Dähre. Einige Daten: FPN 10-3000, Wasser 5.000 l, Schaummittel 500 Liter, Wasser-/Schaumwerfer RM25C und frontseitig montierter Wasserwerfer RM15C. Schnellangriffseinrichtung 30 m, Selbstschutzanlage vorn und hinten. (thw)

Typ:	TLF 4000	Baujahr:	2017
Feuerwehr:	FF Dähre (ST, SAW)	zGG:	18.000 kg
Fahrgestell:	MAN TGM 18.340 4x4 BB	Radstand:	4.200 mm
Aufbau:	Rosenbauer		

Löschmittelmengen dieses TLF 4000: 5.000 l Löschwasser, 500 l Schaummittel. Feuerlöschpumpe: FPN 10-3000-1HL kombiniert mit einer Druckzumischanlage Foamsystem 24 und einem Dachwerfer Alco APF 3-C-HH. (kli)

Typ:	TLF 4000	Baujahr:	2017
Feuerwehr:	FF Mettmann (NW, ME)	zGG:	18.000 kg
Fahrgestell:	MAN TGM 18.340 4x4 BB	Radstand:	4.200 mm
Aufbau:	Ziegler		

Das TLF 4000 der Ortsfeuerwehr Vorsfelde der Stadt Wolfsburg wurde mit einer Staffelkabine beschafft, um das Fahrzeug bei Bedarf auch selbstständig einsetzen zu können. Wesentliche Daten des Fahrzeuges: FPN 10-3000 (Rosenbauer N35), 4.600 l Wasser, 400 l Schaummittel, Rosenbauer-Dachwerfer, Lichtmast mit sechs LED-Strahlern links am Heck. (thw)

Typ:	TLF 4000	Baujahr:	2017
Feuerwehr:	FF Vorsfelde (NI, WOB)	zGG:	18.000 kg
Fahrgestell:	MAN TGM 18.340 4x4 BB	Radstand:	4.200 mm
Aufbau:	Rosenbauer		

Das Freisinger TLF hat ein TLF 24/50 aus dem Jahr 1988 ersetzt. Druckzumischsystem CaddiSYS 30, FPN 10-3000, Löschwasser- und Schaummittelbehälter (5.000 l bzw. 500 und 250 l), zwei fahrbare 50-kg-Pulver-Löschgeräte (Gloria) und zwei fahrbare 30-kg-CO_2-Löscher (Minimax). (Profeld)

Typ:	TLF 4000	Baujahr:	2018
Feuerwehr:	FF Freising (BY, FS)	zGG:	18.000 kg
Fahrgestell:	MAN TGM 18.340 4x4 BB	Radstand:	3.900 mm
Aufbau:	Magirus		

Das TLF 4000 führt 4.000 l Wasser, 500 l Schaummittel, eine FPN 10-3000, das Foamsystem 24 als Druckzumischanlage sowie einen manuell zu bedienenden Dachwerfer mit. (tho)

Typ:	TLF 4000	Baujahr:	2017
Feuerwehr:	FF Kirchzarten (BW, FR)	zGG:	14.500 kg
Fahrgestell:	MB U 5023	Radstand:	3.850 mm
Aufbau:	Ziegler		

MB Atego mit Euro-6-Abgastechnologie gewinnen wieder mehr Kunden. Das abgebildete TLF hat eine FPN 10-3000 (N35), 4.000 l Löschwasser, Druckzumischanlage Digimatic 42, Frontwerfer (RM15) und Dachwerfer (RM24) sowie einen Lichtmast mit acht LED-Strahlern (Flexilight). (kll)

Typ:	TLF 4000	Baujahr:	2018
Feuerwehr:	FF Bad Oeynhausen (NW, MI)	zGG:	16.800 kg
Fahrgestell:	MB Atego 1630 AF	Radstand:	4.160 mm
Aufbau:	Rosenbauer (Luckenwalde)		

Zur Ausstattung/Beladung gehören: FPN 10-3000-1HL, DZA Foamsystem 24, Dachwerfer (2.400 l/min), 5.000 l Löschwasser, 500 l Schaummittel sowie 50 kg ABC-Pulver (fahrbar), 12 kg D-Pulver, 5 kg CO_2, 5.000-l-Faltbehälter, zwei oszillierende Werfer, zwei Tauchpumpen, 14-kVA-Stromerzeuger und zwei Multifunktionsleitern. (kli)

Typ:	TLF 4000	Baujahr:	2017
Feuerwehr:	FF Nottuln (NW, COE)	zGG:	18.000 kg
Fahrgestell:	Scania P 310 CB 4x4 HHZ	Radstand:	4.300 mm
Aufbau:	Ziegler (Mühlau)		

Für die Bremer Feuer- und Rettungswache 5 ist ein TLF 4000 ersatzbeschafft worden. Mit Scania-Fahrgestellen hat die BF Bremen bereits Erfahrungen. Das TLF hat ein vollautomatisches Getriebe. Pumpe: FPN 10-2000 und elektrisch angetriebene Druckzumischanlage CaddiSYS 30 – Löschmittelbehälter: 4.500 l Wasser, 500 l Schaummittel. (kli)

Typ:	TLF 4000	Baujahr:	2018
Feuerwehr:	BF Bremen (HB, HB)	zGG:	18.000 kg
Fahrgestell:	Scania P 400 CB 4x4 HHZ	Radstand:	4.300 mm
Aufbau:	Magirus		

Die BF Wiesbaden erhielt zwei baugleiche Fahrzeuge. Die TLF sind mit einer FPN 10-4000 von Johstadt, einer FireDos-2500-Druckzumischanlage, einem Dachwerfer und einem Nissen-Leuchtpfeil auf dem Aufbaudach zur Verkehrsabsicherung ausgestattet. 4.000 l Wasser und 500 l Schaummittel werden mitgeführt. (Bunzel)

Typ:	TLF 4000	Baujahr:	2018
Feuerwehr:	BF Wiesbaden (HE, WI)	zGG:	18.000 kg
Fahrgestell:	Scania P 410 CB 4x4 HHZ	Radstand:	4.100 mm
Aufbau:	Walser		

Das PTLF der BF Mannheim wurde an der Feuerwache Nord stationiert. Die Löschtechnik umfasst eine FPN 10-4000, Druckzumischanlage AutoMix 72 DE, 4.000-l-Löschwasserbehälter, 500-l-Schaummitteltank, 500-kg-Pulverlöschanlage und Dachwerfer. Am Fahrzeugheck befindet sich ein pneumatisch ausfahrbarer Lichtmast mit vier Xenon-Scheinwerfern. (Bunzel)

Typ:	PTLF 4000	Baujahr:	2017
Feuerwehr:	BF Mannheim (BW, MA)	zGG:	18.000 kg
Fahrgestell:	MAN TGM 18.340 4x4 BB	Radstand:	4.200 mm
Aufbau:	Schlingmann		

Die Feuerwehr Stuttgart beschaffte drei baugleiche GTLF und stationierte diese bei den Freiwilligen Feuerwehren (im Bild das Fahrzeug der Abteilung Plieningen). Es führt 10.200 l Wasser, 500 l Schaummittel, eine FPN 10-6000 (Johstadt), eine Druckzumischanlage und einen fest aufgebauten Wasserwerfer (3.000 l/min) mit. (tho)

Typ:	GTLF	Baujahr:	2017
Feuerwehr:	FF Stuttgart (BW, S)	zGG:	26.000 kg
Fahrgestell:	Scania G 480 LB 6x2*4 HNB	Radstand:	k.A.
Aufbau:	Gimaex		

Ausstattung: FPN 10-3000 (Johstadt) mit Saugeingang DN 125, 8.000-l-Löschwasserbehälter, 2 x 500 l Schaummitteltank, fahrbarer 50-kg-Pulverlöscher, manuell klappbarer Dachwerfer (Alco), tragbarer Werfer (Leader), Faltbehälter (11.350 l) mit Entnahmehilfe auf dem Dach, Tankschnellentleerung über freien Auslauf möglich. (kli)

Typ:	TLF 8000	Baujahr:	2018
Feuerwehr:	FF Ratingen (NW, ME)	zGG:	26.000 kg
Fahrgestell:	Scania G 440 LB 6x2*4 MNB	Radstand:	3.700 + 1.350 mm
Aufbau:	Walser		

Dieses GTLF ersetzt ein TLF 32 auf Tatra T 815. In der Gemeinde sind nicht unbeträchtliche Brandrisiken vorhanden, zudem sind regelmäßig Fahrzeugbrände auf der Autobahn zu bekämpfen. Löschtechnische Daten: FPN 10-3000, 9.600 l Wasser, 500 l + 300 l Schaummittel (Class A/Class B), Dachwerfer Alco APF 3-C, Frontwerfer M1-DC. Lichtmast mit 4 x LED. (thw)

Typ:	GTLF 10000	Baujahr:	2017
Feuerwehr:	FF Grünheide (BB, LOS)	zGG:	26.000 kg
Fahrgestell:	MAN TGS 26.360 6x6 BB	Radstand:	3.900 + 1.400 mm
Aufbau:	Gimaex		

4. Hubrettungsfahrzeuge

Die Ortsfeuerwehr Altwarmbüchen der FF Isernhagen erhielt 2017 eine neue DLAK 23/12 in der Magirus-Bauform „M32L-AS". Zu den Besonderheiten zählt ein Beifahrersitz mit PA-Halterung. Weiterhin: Rettungskorb Typ RC 400, Safety Peak, Krankentragenlagerung für 270 kg und eine Selbstschutzsprühanlage am Korb. (thw)

Typ:	DLAK 23/12 GL	Baujahr:	2017
Feuerwehr:	FF Altwarmbüchen (NI, H)	zGG:	16.000 kg
Fahrgestell:	Iveco Magirus 160 E 32	Radstand:	4.815 mm
Aufbau:	Magirus		

Zwei identische DLAK 23/12 in der Ausführung „M32L-AS“ erhielt die BF Wiesbaden von Magirus. Das verwendete Iveco-Fahrgestell ist mit einem langen Fahrerhaus, Automatikgetriebe und einer Hinterachszusatzlenkung ausgestattet. Der Rettungskorb RC 500 hat eine Nutzlast von 500 kg. Die weiß lackierten Fahrzeuge wurden in Leuchtrot RAL 3026 beklebt. (Bunzel)

Typ:	DLAK 23-12 GL HZL	Baujahr:	2018
Feuerwehr:	BF Wiesbaden (HE, WI)	zGG:	16.000 kg
Fahrgestell:	Iveco 160 E 30	Radstand:	4.815 mm
Aufbau:	Magirus		

Eine „M32L-AS“-Gelenkleiter erhielt die FF Butzbach aus einer Sammelbeschaffung von vier identischen Fahrzeugen der Feuerwehren Butzbach, Pohlheim, Nidda und Gedern. Das MAN-Euro-6-Fahrgestell ist mit einem Automatikgetriebe ausgestattet. Die leuchtrote Folienbeklebung erhielt jedoch nur die Drehleiter. (Bunzel)

Typ:	DLAK 23/12 GL	Baujahr:	2017
Feuerwehr:	FF Butzbach (HE, FB)	zGG:	15.500 kg
Fahrgestell:	MAN TGM 15.290 4x2 BL	Radstand:	4.725 mm
Aufbau:	Magirus		

Ersatz einer 18-m-Magirus-DLK (1990). Das luftgefederte Fahrgestell der „M32L-AT" trägt eine verlängerte Kabine. An der Spitze des fünfteiligen Leitersatzes sitzt ein Rettungskorb RC 400. Am untersten Leiterteil befindet sich eine Lastöse (400 kg). (Profeld).

Typ:	DLAK 23/12 GL	Baujahr:	2018
Feuerwehr:	FF Waging am See (BY, TS)	zGG:	15.500 kg
Fahrgestell:	MAN TGM 15.290 4x2 LL	Radstand:	4.725 mm
Aufbau:	Magirus		

Wesentliche Merkmale der neuen Drehleiter der FF Bad Salzdetfurth – in der Rosenbauer-Typologie eine „L32A-XS" – sind ein 500-kg-Korb und eine Rollstuhllagerung. Der Stromerzeuger ist vom Typ Rosenbauer RS 14. (thw)

Typ:	DLAK 23/12 GL	Baujahr:	2017
Feuerwehr:	FF Bad Salzdetfurth (NI, HI)	zGG:	15.500 kg
Fahrgestell:	MB Atego 1530 F	Radstand:	4.760 mm
Aufbau:	Rosenbauer (Karlsruhe)		

An der Feuer- und Rettungswache Innenstadt ist die neueste Drehleiter der BF Lübeck auf dem aktuellen Euro-6-Atego-Fahrgestell von Mercedes-Benz stationiert. Die Hersteller-Bezeichnung lautet: „L32A-XS 2.0". (kli)

Typ:	DLAK 23/12 GL	Baujahr:	2017
Feuerwehr:	BF Lübeck (SH, HL)	zGG:	15.500 kg
Fahrgestell:	MB Atego 1530 F	Radstand:	4.760 mm
Aufbau:	Rosenbauer (Karlsruhe)		

Die von Rosenbauer für die FF Fulda aufgebaute DLAK 23/12 GL entspricht als „L32A-XS 3.0" der neuesten Ausführung der Rosenbauer-Gelenkleiter. Die Ausladungswerte konnten durch eine Reduzierung des Eigengewichts des Rettungskorbs (500 kg) gesteigert werden. Der fernbedienbare Korbwerfer ist permanent montiert. (Bunzel)

Typ:	DLAK 23/12 GL	Baujahr:	2018
Feuerwehr:	FF Fulda (HE, FD)	zGG:	16.000 kg
Fahrgestell:	MB Atego 1530 F	Radstand:	4.760 mm
Aufbau:	Rosenbauer (Karlsruhe)		

Die erste von zehn neuen DLAK 23/12 GL von Rosenbauer in der Ausführung als Gelenkleiter „L32A-XS 3.0" erhielt die BF Frankfurt im Sommer 2018. Das Besondere an diesem Fahrzeug ist die Fahrgestellausführung mit einer Nachlauflenkachse zur Erhöhung der Wendigkeit, ausgebaut durch die Firma Paul. (Bunzel)

Typ:	DLAK 23/12 GL NALL	Baujahr:	2018
Feuerwehr:	BF Frankfurt am Main (HE, F)	zGG:	16.000 kg
Fahrgestell:	MB Atego 1530 F	Radstand:	3.260 + 1.750 mm
Aufbau:	Rosenbauer (Karlsruhe)		

Der Gelenkarm des Leiteraufbaus der „M32L-AS" ist im Einzelauszugsystem bis zu 75 Grad abwinkelbar. An der Spitze sitzt ein Rettungskorb RC 400 C, der mit einer Selbstschutzsprühanlage ausgestattet ist. Ergänzend: Überdruckbelüfter, Schaum-/Wasserwerfer. (Profeld)

Typ:	DLK 23/12 GL nB	Baujahr:	2018
Feuerwehr:	FF Waldkraiburg (BY, MÜ)	zGG:	15.500 kg
Fahrgestell:	MB Atego 1530 F	Radstand:	4.760 mm
Aufbau:	Magirus		

Das neue Hubrettungsfahrzeug der FF Coesfeld („M32L-AT") ist mit einem Rettungskorb RC 400 C ausgerüstet. Nach einem Rüstwagen im Vorjahr ist die Drehleiter das zweite Fahrzeug auf einem Scania-Fahrgestell in Coesfeld. (kli)

Typ:	DLAK 23/12 GL	Baujahr:	2017
Feuerwehr:	FF Coesfeld (NW, COE)	zGG:	18.000 kg
Fahrgestell:	Scania P 310 DB 4x2 MLB	Radstand:	4.900 mm
Aufbau:	Magirus		

Drei baugleiche Drehleiter-Fahrzeuge mit Hinterradzusatzlenkung, Firmenbezeichnung „M32L-AS", hat die BF Essen beschafft. Sie sind mit einem Rettungskorb RC 400 (4 Personen) ausgestattet. In diesem sind ein Schaum-Wasser-Werfer sowie eine Krankentragenlagerung (270 kg) verbaut. (kli)

Typ:	DLAK 23/12 nB GL HZL	Baujahr:	2017
Feuerwehr:	BF Essen (NW, E)	zGG:	16.000 kg
Fahrgestell:	Iveco 160 E 32 Eurocargo	Radstand:	4.185 mm
Aufbau:	Magirus		

An beiden Achsen ist dieses Hubrettungsfahrzeug auf einem Fahrgestell mit niedriger Bauhöhe (Fahrzeughöhe 3.150 mm) luftgefedert. Der Aufbauhersteller bezeichnet dieses Fahrzeug als „L32A-XS 2.0"). Der Rettungskorb kann mit einem Gewicht von bis zu 500 kg belastet werden. (kli)

Typ:	DLAK 23/12 nB GL	Baujahr:	2018
Feuerwehr:	FF Gevelsberg (NW, EN)	zGG:	18.000 kg
Fahrgestell:	Scania P 310 DB 4x2 MLB	Radstand:	4.500 mm
Aufbau:	Rosenbauer (Karlsruhe)		

Als Ergänzungsfahrzeug für besondere Einsatzlagen soll in Oberhausen die Hubarbeitsbühne („B32") eingesetzt werden. Der Rettungskorb kann eine Last von 500 kg aufnehmen. Der Hauptbedienstand hat ein klappbares Dach und eine neigbare Rückenlehne. (kli)

Typ:	HAB 32	Baujahr:	2018
Feuerwehr:	BF Oberhausen (NW, OB)	zGG:	18.000 kg
Fahrgestell:	MB Econic 1830 LL	Radstand:	4.500 mm
Aufbau:	Rosenbauer (Karlsruhe)		

Die HAB („B42") ist auch mit Löschwasser (1.200 l) und Schaummittel (200 l) ausgerüstet, demzufolge auch mit einer Feuerlöschpumpe (FPN 10-4000 {N45}) und einem Schaumzumischsystem FixMix. Der Rettungskorb ist mit bis zu 500 kg belastbar; am Korb ist auch eine Haspel mit formbeständigem Schlauch installiert. Interne Bezeichnung: Hubrettungsbühne. (Profeld)

Typ:	HAB 42	Baujahr:	2017
Feuerwehr:	WF MTU/MAN, München (BY, M)	zGG:	26.000 kg
Fahrgestell:	MAN TGS 26.440 6x4H-4 BL	Radstand:	5.100 + 1.350 mm
Aufbau:	Rosenbauer		

Die WF K+S konnte 2017 zwei nahezu identische Hubbühnen „B42" an den Standorten Neuhof und Philippstal in Dienst stellen. Die auf einem Scania-Fahrgestell mit 302 kW Motorleistung aufgebauten Fahrzeuge sind mit einer FPN 10-3000 (N35) ausgestattet. Der Rettungskorb hat eine Tragfähigkeit von 500 kg. (Bunzel)

Typ:	HAB 42	Baujahr:	2017
Feuerwehr:	WF Kali+Salz Neuhof	zGG:	26.000 kg
Fahrgestell:	Scania P 410 LB 6x2*4 MSA	Radstand:	4.900 + 1.350 mm
Aufbau:	Rosenbauer (Karlsruhe)		

Die Hubarbeitsbühne („B51") mit einer Arbeitshöhe von 51,5 m ist mit einer Normaldruckpumpe N55 (FPN 10-4000), einer Hydromatic-Schaumzumischung und einem 1.000-l-Schaummitteltank ausgestattet. Der Arbeitskorb ist für fünf Personen (500 kg) ausgelegt; der Akron-Wasserwerfer am Korb kann vom Hauptbedienstand gesteuert werden. (tho)

Typ:	HAB 51	Baujahr:	2018
Feuerwehr:	WF Daimler, Bremen (HB, HB)	zGG:	37.000 kg
Fahrgestell:	MB Actros 3243	Radstand:	4.500 + 1.350 + 1300 mm
Aufbau:	Rosenbauer		

5. Sonderfahrzeuge von Werkfeuerwehren

„Universal-Hilfeleistungslöschfahrzeug", lackiert in Verkehrsrot mit FPN 10-3000 (N35), 3.000-l-Löschwasser- und 400-l-Schaummittelbehälter, 240 kg CO_2, Monitor auf dem Dach (RM25C) und elektrisch angetriebene Leiterabsenkung. Zusätzlich: fest eingebauter Stromerzeuger (60 kVA) und maschinelle Zugeinrichtung (Rotzler TR 000/8). (Profeld)

Typ:	UHLF	Baujahr:	2017
Feuerwehr:	WF MTU/MAN, München (BY, M))	zGG:	18.000 kg
Fahrgestell:	MAN TGM 18.340 4x2 BL	Radstand:	4.525 mm
Aufbau:	Rosenbauer		

Zwei baugleiche Sonder-TLF nennt die WF BASF im Stammwerk Ludwigshafen ihr Eigen. Mitgeführt werden 1.000 l Wasser, 2.000 l Schaummittel, eine FPN 10-6000 und eine Empl-Zumischanlage. Für Kleinbrände stehen 60 l Mehrbereichsschaummittel und eine Caméléon-Zumischanlage zur Verfügung. (tho)

Typ:	Sonder-TLF	Baujahr:	2017
Feuerwehr:	WF BASF, Ludwigshafen (RP, LU)	zGG:	18.000 kg
		Radstand:	k.A.
Fahrgestell:	MAN TGM 18.340 4x2 BB		
Aufbau:	Empl		

Die WF Bosch im Stammwerk Stuttgart-Feuerbach erhielt zwei baugleiche HLF 20 in Sonderausführung. Die Fahrzeuge verfügen über eine Staffelbesatzung, einen 3.000-l-Löschwasserbehälter, einen 200-l-Schaummitteltank, einen 15-kVA-Generator, eine FPN 10-3000 und eine CaddiSYS-Druckzumischanlage. (tho)

Typ:	HLF 20	Baujahr:	2018
Feuerwehr:	WF Bosch, Stuttgart (BW, S)	zGG:	18.000 kg
Fahrgestell:	MB Antos 1843 F	Radstand:	k.A.
Aufbau:	Magirus Lohr		

Bis Ende 2018 wird die Flughafenfeuerwehr des Fraport acht dieser HTLF 30-25-2,5 in Dienst stellen können. Die feuerwehrtechnischen Merkmale sind eine FPN 10-3000, Druckzumischanlage Ziegler Foamsystem 24, ein mindestens 2.500 l fassender Löschwasserbehälter und ein 300-l-Schaummitteltank. Ein pneumatischer Lichtmast mit sechs LED-Scheinwerfern ist ebenfalls verbaut. (Bunzel)

Typ:	HTLF 30-25-2,5	Baujahr:	2017
Feuerwehr:	WF Fraport, Frankfurt (HE, F)	zGG:	19.000 kg
Fahrgestell:	MB Antos 1843 F	Radstand:	4.600 mm
Aufbau:	Ziegler		

Herstellerbezeichnung dieses Fahrzeuges am Standort Wittenberg: ULF 7000/1000/600. Wesentliche Daten: FPN 10-5500 (N55), 6.000 l Löschwasser, 1.000 l Schaummittel, 1.000 kg Pulver, 600 kg CO_2. Dachwerfer RM35C, Frontmonitor 1.000 l/min, Frontsprühdusen, je zwei Chemikalien- und Hitzeschutzanzüge. (thw)

Typ:	TroSTLF 55/60-10-P 1000	Baujahr:	2017
Feuerwehr:	WF Securitas (ST, WB)	zGG:	26.000 kg
Fahrgestell:	MAN TGS 26.440 6x2-4 BL	Radstand:	4.500 + 1.350 mm
Aufbau:	Rosenbauer		

Empl-Bezeichnung auf dem Typschild: „ULF" ohne weitere Klassifizierung. Eckdaten: FPN 10-6000, 8.000 l Löschwasser, 4.000 l Schaummittel, 750 kg Pulver und 240 kg CO_2. Der Kombi-Werfer (3.000-10.000 l/min stufenlos regelbar) ermöglicht auch die Abgabe von Löschpulver (15 kg/s). (thw)

Typ:	TroSTLF 60/80-40-P 750	Baujahr:	2017
Feuerwehr:	WF Total, Leuna (ST, SK)	zGG:	32.000 kg
Fahrgestell:	MAN TGS 35.440 8x2-6 BL	Radstand:	k.A.
Aufbau:	Empl (Kaltenbach)		

Die WF hat das dritte Fahrzeug auf Volvo-FM-Fahrgestell beschafft. Besonderheit ist der teleskopierbare Löscharm (max. 25 m). Verwendungstypisch ist die Pumpe dimensioniert (FPN 10-10000). Weiterhin: Caméléon-Druckzumischanlage, 4.000-l-Löschwasser, 2 x 1.000 l Schaummittel (Class A & B), Frontwerfer (Alco APF 2-DC). (kli)

Typ:	SLF 100/40-20	Baujahr:	2018
Feuerwehr:	WF Raffinerie Heide (SH, HEI)	zGG:	26.000 kg
Fahrgestell:	Volvo FM 500 6x2-4	Radstand:	4.600 mm
Aufbau:	Empl		

FLF in der Rosenbauer-Aufbauvariante CBS, mit Allison-Automatikgetriebe. Pumpe: FPN 10-3000 (N35), Behälter: 6.000 l Löschwasser, 500 l Schaummittel, 500 kg Löschpulver, Dachwerfer RM25C, Frontmonitor RM15C und Bodensprühanlage. Ergänzend: Lichtmast (8 x LED, Flexilight) und Frontanbauwinde (Warn Serie 9). (Profeld)

Typ:	FLF 6000/500/500 „Buffalo"	Baujahr:	2017
Feuerwehr:	WF FH Hof-Plauen (BY, HO)	zGG:	25.000 kg
Fahrgestell:	MB Zetros 2733 A 6x6	Radstand:	4.800 mm
Aufbau:	Rosenbauer		

Für die der städtischen BF angegliederte Flughafenfeuerwehr (ICAO-Kategorie 7) ist ein drittes FLF beschafft worden. Löschmittel: 12.500 l Löschwasser, 1.500 l Schaummittel, 250 kg Löschpulver (Gloria) und 4 x 30 kg CO_2 (Gloria). Die Feuerlöschpumpe leistet bis zu 8.000 l/min bei 10 bar; die Löschmittel können über einen Dachwerfer RM80 und/oder Frontwerfer RM15 abgegeben werden. (kli)

Typ:	FLF „Panther" 6x6	Baujahr:	2018
Feuerwehr:	BF Dortmund (NW, DO)	zGG:	39.000 kg
Fahrgestell:	RBI 39.750 6x6	Radstand:	4.800 mm
Aufbau:	Rosenbauer		

6. Gerätewagen

Der kompakte GW-L mit Doppelkabine und Ladebordwand (Dautel DL 1000) wird vorrangig zum Ziehen und Wasserlassen eines Bootsanhängers mit großem Mehrzweckboot eingesetzt. (Bunzel)

Typ:	GW-L	Baujahr:	2015 (i.D. 2016)
Feuerwehr:	HLFS Kassel (HE, KS)	zGG:	12.000 kg
Fahrgestell:	MB Atego 1220 AFE	Radstand:	3.620 mm
Aufbau:	Hartmann		

Der GW-L1 der Feuerwehr Halberstadt ist nicht mit einer festen Beladung versehen, sondern dient überwiegend als reines Nachschub- und Logistikfahrzeug. Die Sörensen-Ladebordwand weist eine Tragkraft von 750 kg auf. Motorisierung: Diesel, 1.995 cm³, 170 PS. (thw)

Typ:	GW-L1	Baujahr:	2017
Feuerwehr:	FF Halberstadt (ST, HZ)	zGG:	4.700 kg
Fahrgestell:	Ford Transit 330 L2	Radstand:	3.300 mm
Aufbau:	Ackmann		

Erster MAN-Transporter in der Sprinter-Klasse als Feuerwehrfahrzeug, eingesetzt als „Präventionsmobil" (GW-L1) durch die FF München im Rahmen der Öffentlichkeitsarbeit und Brandschutzunterweisung. Umfangreiches Ausstattungspaket: Notbremsassistent, ESP, Einparkhilfen, Rückfahrkamera, Berganfahrassistent. (Profeld)

Typ:	GW-L 1	Baujahr:	2018
Feuerwehr:	FF München (BY, M)	zGG:	3.490 kg
Fahrgestell:	MAN TGE 3.180	Radstand:	3.640 mm
Aufbau:	Freytag		

Die FF Seligenstadt stellte bei der Ortswehr Klein-Welzheim einen neuen GW-L1 in Dienst. Der GW-L1 wurde von der Firma Auto Schach aus Wetzlar auf einem MAN TGL 12.250 mit MAN-Doppelkabine aufgebaut und mit einer Ladebordwand Bär Cargolift BC 100 und einem pneumatischen Teklite-Lichtmast mit 4 Xenon-Scheinwerfern ausgestattet. (Bunzel)

Typ:	GW-L1	Baujahr:	2018
Feuerwehr:	FF Seligenstadt (HE, OF)	zGG:	12.000 kg
Fahrgestell:	MAN TGL 12.250 4x2 BB	Radstand:	3.600 mm
Aufbau:	Auto Schach		

Der GW-L2 ist in Verkehrsrot (RAL 3020) lackiert. Am Heck befindet sich eine Dautel-Ladebordwand mit einer Tragfähigkeit von 1.500 kg. Mitgeführt werden acht Rollcontainer, vor allem für die Wasserförderung. Der GW-L2 der Abteilung Neureut kann auch als Aufenthaltsmodul für Einsatzkräfte genutzt werden (u. a. Kaffeemaschine, Kühlbox, Bänke). (tho)

Typ:	GW-L2	Baujahr:	2017
Feuerwehr:	FF Karlsruhe (BW, KAE)	zGG:	16.000 kg
Fahrgestell:	MB Atego 1630 AF	Radstand:	k.A.
Aufbau:	Hensel		

Der GW-L2 ist standardmäßig als SW 2000 beladen. 2 x 550 m Schlauch sind in den Seitenwänden des Aufbaus verstaut und können bei geschlossener Ladebordwand (Palfinger MBB C 15001 {geteilt}) verlegt werden. Weitere Beladung (u.a.): PFPN 10-1500, faltbarer Wasserbehälter 5.000 l, Waldbrandausrüstung, tragbare Pumpe Honda 5-500. (kli)

Typ:	GW-L2	Baujahr:	2017
Feuerwehr:	FF Möhnesee (NW, SO)	zGG:	18.000 kg
Fahrgestell:	Scania P 310 CB 4x4 HHZ	Radstand:	4.300 mm
Aufbau:	BTG		

Der GW-L2 ist mit einer maschinellen Zugeinrichtung ausgerüstet (Rotzler TR 030/6, 50 kN). Am Aufbauheck befindet sich eine Ladebordwand (Palfinger-MBB 1500 S). Die seitlichen Planen können zusammengeschoben werden. Als Fahrerhaus fand die mittelhohe Frontlenkervariante Verwendung. (kli)

Typ:	GW-L2	Baujahr:	2017
Feuerwehr:	FF Spenge (NW, HF)	zGG:	18.000 kg
Fahrgestell:	Scania G 360 CB 4x4 HHZ	Radstand:	3.900 mm
Aufbau:	Ziegler (Rendsburg)		

Die Feuerwehr Hilden hat ihren GW-L2 mit dem niedrigen Fahrerhaus in der Crew-Cab-Ausführung ausstatten lassen. Abweichend von den sonst „üblihen" Scania-Fahrgestellen bei Feuerwehrfahrzeugen: Blattfederung vorne, Luftfederung hinten. Am Heck: Ladebordwand Palfinger-MBB C 1500 S. Der GW ist als SW 2000 beladen. (kli)

Typ:	GW-L2	Baujahr:	2018
Feuerwehr:	FF Hilden (NW, ME)	zGG:	16.000 kg
Fahrgestell:	Scania P 320 CB 4x4 HHA	Radstand:	3.900 mm
Aufbau:	Ziegler (Rendsburg)		

Für Logistikaufgaben nutzt die FF Plochingen diesen Gerätewagen Transport nach der Baurichtlinie des Landes Baden-Württemberg. (tho)

Typ:	GW-T	Baujahr:	2017
Feuerwehr:	FF Plochingen (BW, ES)	zGG:	5.000 kg
Fahrgestell:	VW Crafter 50	Radstand:	k.A.
Aufbau:	Kümmerle (Reutlingen)		

Die Feuerwehr Mannheim beschaffte drei GW-T für Einheiten der Freiwilligen Feuerwehr. Die von Junghanns aufgebauten Fahrzeuge sind mit einer Dautel-Ladebordwand DL 1500 S und einem Pritschenaufbau mit seitlichen Schiebeplanen ausgestattet. Die MAN-Fahrgestelle sind einzelbereift und mit einem TipMatic-Getriebe ausgestattet. Abgebildet ist der GW-T der FF-Abteilung Nord. (Bunzel)

Typ:	GW-T	Baujahr:	2017
Feuerwehr:	FF Mannheim (BW, MA)	zGG:	14.000 kg
Fahrgestell:	MAN TGM 13.250 4x4 BL	Radstand:	4.150 mm
Aufbau:	Junghanns Fahrzeugbau		

Der GW-Rüst mit Staffelkabine – lt. Herstellerschild ein GW-L2 – des LZ Körbecke wird multifunktional eingesetzt und führt als Teil der Beladung u.a. einen Hilfeleistungssatz (S 270-71 und SP 53 BS, Weber), eine PFPN 10-1500, entsprechendes Schlauchmaterial sowie drei Rollcontainer mit. Eine Zugeinrichtung (Rotzler TR 030/6) sowie ein Lichtmast (4 x LED) ergänzen die Ausrüstung. (kli)

Typ:	GW-Rüst	Baujahr:	2017
Feuerwehr:	FF Möhnesee (NW, SO)	zGG:	16.000 kg
Fahrgestell:	MB Atego 1629 F	Radstand:	4.160 mm
Aufbau:	GSF		

Der GW-Rüst(material) ist mit Material und Geräten für die technische Hilfe beladen und kommt i.d.R. zur Ergänzung des HLF 20 zum Einsatz. Der GR des Aufbaus bietet Platz für drei Rollcontainer und ist dementsprechend durch eine Ladebordwand (Dautel, 1.500 kg) abgeschlossen. Zugeinrichtung: Rotzler TR 030 /6. (kli)

Typ:	GW-Rüst	Baujahr:	2017
Feuerwehr:	FF Siegburg (NW, SU)	zGG:	14.100 kg
Fahrgestell:	MB Unimog U 5000	Radstand:	3.850 mm
Aufbau:	Hensel		

Der neue GW-G der WF Securitas im Chemiepark Bitterfeld-Wolfen ersetzt ein Vorgängerfahrzeug aus dem Jahr 1996. Wesentliche Eckdaten des neuen Fahrzeuges: Stromerzeuger 30 kVA (DWG (BL) 30,0/15,0-4 ZE), Lichtmast: Fireco mit vier LED-Strahlern. Der rückseitige Geräteraum ist über eine Ladebordwand (Palfinger MBB C 1500 L) zugänglich. (thw)

Typ:	GW-G	Baujahr:	2018
Feuerwehr:	WF Securitas, Bitterfeld (ST, ABI)	zGG:	15.500 kg
		Radstand:	k.A.
Fahrgestell:	MAN TGM 15.290 4x2 BL		
Aufbau:	Empl (Kaltenbach)		

Heckseitiger Laderaum zur Aufnahme von drei Rollcontainern („Umpumpen", „Zelt/Beleuchtung" und „Abdichten") mittels Ladebordwand (Palfinger-MBB C 1500). Auf der rechten Aufbauseite befindet sich eine elektrisch angetriebene Wetterschutzmarkise. (Profeld)

Typ:	GW-G	Baujahr:	2018
Feuerwehr:	FF Landshut (BY, LA)	zGG:	15.500 kg
Fahrgestell:	MAN TGM 15.290 4x2 BL	Radstand:	4.725 mm
Aufbau:	Gimaex		

Als Ersatz für die beiden RW-Umweltschutz (1992) hat die BF München zwei baugleiche GW-G nach Norm (DIN 14555-12) beschafft. Im Heck des Aufbaus werden sechs Rollcontainer mitgeführt. (Profeld)

Typ:	GW-G	Baujahr:	2017
Feuerwehr:	BF München (BY, M)	zGG:	14.000 kg
Fahrgestell:	MB Atego 1527 F	Radstand:	4.760 mm
Aufbau:	Lentner		

Der GW-G der FF Gaggenau verfügt am Heck über eine Ladebordwand von Palfinger mit einer Tragfähigkeit von 1.500 kg, um Rollcontainer im Aufbau verlasten zu können. (tho)

Typ:	GW-G	Baujahr:	2017
Feuerwehr:	FF Gaggenau (BW, RA)	zGG:	k.A.
Fahrgestell:	MB Atego 1530 F	Radstand:	k.A.
Aufbau:	Gimaex		

Scania-Fahrgestelle mit dem niedrigen Frontlenker-Fahrerhaus („P") finden in der 18-t-Gewichtsklasse zunehmend Verwendung. Der GW-G hat am Heck eine MBB-Palfinger-Ladebordwand C 1500, mittels derer drei Rollcontainer („Umpumpen", „Erstangriff" {bei Flüssigkeiten} und „Dekontamination") bewegt werden können. Der Aufbau ist zwischen den Achsen tiefgezogen. (kli)

Typ:	GW-G	Baujahr:	2017
Feuerwehr:	BF Leverkusen (NW, LEV)	zGG:	18.000 kg
Fahrgestell:	Scania P 310 DB 4x2 MNA	Radstand:	4.700 mm
Aufbau:	Gimaex		

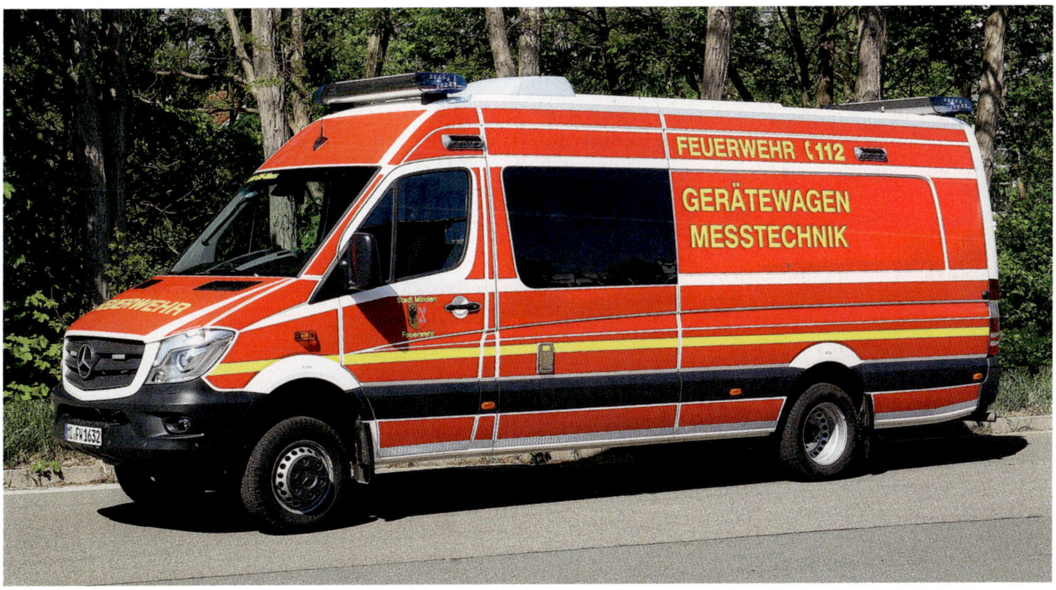

Der GW-Mess ist für die Detektion von Gefahrstoffen und die Messleitung ausgestattet. Während Material und Gerät hauptsächlich im Heck verlastet sind, befinden sich mittig im Kastenaufbau zwei Kommunikationsarbeitsplätze. Das maximal zulässige Gesamtgewicht wird ausgereizt. (kli)

Typ:	GW-Mess	Baujahr:	2017
Feuerwehr:	BF Minden (NW, MI)	zGG:	5.400 kg
Fahrgestell:	MB Sprinter 519 CDI	Radstand:	4.325 mm
Aufbau:	Schäfer		

Der Landkreis Heilbronn beschaffte zwei baugleiche GW-Mess und stationierte sie bei den FF Neckarsulm und Lauffen am Neckar. Die Fahrzeuge führen nicht nur eine umfangreiche Messausstattung mit, sondern verfügen auch über einen Arbeitsplatz, um als Messleitfahrzeug eingesetzt werden zu können. (tho)

Typ:	GW-Mess	Baujahr:	2017
Feuerwehr:	FF Neckarsulm (BW, HN)	zGG:	5.000 kg
Fahrgestell:	MB Sprinter 519 CDI	Radstand:	4.325 mm
Aufbau:	Binz		

Der Siegkreis hat einen von zwei GW-Mess in der Kreisstadt stationiert (der Zweite steht in Bornheim). Sie sind Bestandteil des Einsatzkonzepts „Gefahrstoffmessung" des Kreises. Zur Ausstattung der GW-Mess gehören u.a. Mehrgasmessgeräte, ein Photoionisations-Detektor (PID) sowie Geräte zur Detektion von Gamma- und Röntgenstrahlen. (kli)

Typ:	GW-Mess	Baujahr:	2017
Feuerwehr:	FF Siegburg (NW, SU)	zGG:	4.600 kg
Fahrgestell:	MB Sprinter 416 CDI	Radstand:	3.665 mm
Aufbau:	Hensel		

GW-Mess des ABC-Zuges Region Hannover Ost. Zu seiner Ausstattung zählen außer diversen Funkgeräten Messgeräte (3 x Dräger X-AM 7000, 1 x Dräger X-AM 3000), Prüfröhrchen, Dosismess- und -warngeräte, Dosisleistungsmess- und -warngeräte, Kontaminationsnachweisgerät, Wetterstation mit mobilem Mast, Drucker, Faxgerät und Gefahrguthandbücher. (thw)

Typ:	GW-Mess	Baujahr:	2016 (i.D. 2017)
Feuerwehr:	FF Höver (NI, H)	zGG:	3.500 kg
Fahrgestell:	VW Crafter 35	Radstand:	3.665 mm
Aufbau:	Heinz Meyer		

Auslösend für die Stationierung eines GW-Mess war die Bobbahn in Winterberg, für die eine Ammoniak-Kühlanlage gebaut worden ist. Der GW löst einen Vorgänger aus dem Jahr 1992 ab. Unmittelbar hinter dem Fahrer-/Beifahrersitz befindet sich ein Arbeitstisch. Die Beladung ist in Boxen untergebracht. (kli)

Typ:	GW-Mess	Baujahr:	2018
Feuerwehr:	FF Winterberg (NW, HSK)	zGG:	3.880 kg
Fahrgestell:	VW Crafter 3500 TDI 4motion	Radstand:	3.640 mm
Aufbau:	Binz		

Als Ersatz für ein abgängiges Dekontaminations-Mehrzweckfahrzeug (Bund) beschaffte die Stadt Sehnde diesen GW-Dekon, der Bestandteil des ABC-Zuges Region Hannover Ost ist. Zur Ausstattung gehören Wasserdurchlauferhitzer, Duschzelt, Aufenthaltszelt, Wasserpumpen, Stromerzeuger und Beleuchtungsgerät. Ladebordwand: Dautel DL 1500 L. (thw)

Typ:	GW-Dekon	Baujahr:	2017
Feuerwehr:	FF Bilm (NI, H)	zGG:	7.490 kg
Fahrgestell:	MAN TGL 8.220 4x2 BL	Radstand:	3.600 mm
Aufbau:	Freytag		

Der GW-W dient den zwei Einsatztauchern, dem Tauchereinsatzleiter und einem weiteren Feuerwehrangehörigen zum schnellen Einsatz. Das 5.900 mm lange Fahrzeug verfügt über einen Iglhaut-Allradantrieb. Im Geräteraum GR wird eine umfassende Ausrüstung mitgeführt, u.a. ein Seabob, ein Eisretter und ein Pavillon-Zelt. (tho)

Typ:	GW-W	Baujahr:	2018
Feuerwehr:	BF Ludwigshafen (RP, LU)	zGG:	5.000 kg
Fahrgestell:	MB Sprinter 516 CDI 4x4	Radstand:	3.665 mm
Aufbau:	Thoma-WISS		

Für typische Einsätze in Gewässernähe ist der im Funkverkehr als GW-Taucher bezeichnete GW mit AT-Aufbau einzelbereift. Die taucheinsatzspezifische Beladung ist in Kunststoffkisten untergebracht. Das Vorgängerfahrzeug aus dem Jahr 2004 dient als technische Reserve und als Schulungsfahrzeug. (kli)

Typ:	GW-W	Baujahr:	2017
Feuerwehr:	BF Düsseldorf (NW, D)	zGG:	12.300 kg
Fahrgestell:	MAN TGM 13.290 4x4 BL FW	Radstand:	3.950 mm
Aufbau:	Rosenbauer (Luckenwalde)		

Das auf einem MB Atego mit 256 PS Motorleistung und Automatikgetriebe von Allison aufgebaute Fahrzeug ist mit einem zweigeteilten begehbaren Kofferaufbau mit außenliegenden Geräteräumen ausgestattet. Im vorderen Bereich können sich zwei Taucher umziehen und ausrüsten. (Bunzel)

Typ:	GW-W	Baujahr:	2017
Feuerwehr:	BF Mainz (RP, MZ)	zGG:	14.500 kg
Fahrgestell:	MB Atego 1326 AF	Radstand:	3.860 mm
Aufbau:	Lentner		

Die lange MB-Sprinter-Fahrgestell-Variante hat Gimaex zu einem allradgetriebenen GW für die Höhenrettungsgruppe Paderborn aufgebaut. Die klappbaren Aufbauwände dienen auch als Wetterschutz. Die Beladung ist in individuellen Staukästen für die Mitglieder der Gruppe untergebracht. (kli)

Typ:	GW-Höhenrettung	Baujahr:	2018
Feuerwehr:	FF Paderborn (NW, PB)	zGG:	5.300 kg
Fahrgestell:	MB Sprinter 519 CDI 4x4	Radstand:	4.325 mm
Aufbau:	Gimaex		

Von den an der Feuer- und Rettungswache 4 (Hörde) stationierten Höhenrettern wird der GW besetzt. Das Fahrzeug ist von Rosenbauer auf einem Sprinter-Allrad-Fahrgestell in der CL-Variante aufgebaut worden. Der Mannschaftsraum ist mit einer Standheizung ausgestattet. Im GR befindet sich ein Schwerlastauszug zur Geräteaufnahme, auf der rechten Fahrzeugseite eine Markise. (kli)

Typ:	GW-Höhenrettung	Baujahr:	2018
Feuerwehr:	BF Dortmund (NW, DO)	zGG:	5.300 kg
Fahrgestell:	MB Sprinter 519 CDI 4x4	Radstand:	3.665 mm
Aufbau:	Rosenbauer (CL)		

7. Rüstwagen

Als Ersatz für einen älteren VRW sowie für den Ersteinsatz in einem Straßentunnel beschaffte die FF Gernsbach diesen VRW, der über einen fest eingebauten 7,5-kVA-Stromerzeuger, drei Langzeit-Pressluftatmer, einen Pressluftatmer, eine UHPS-Hochdrucklöschanlage, einen 200-Liter-Schaummitteltank und 20 l F-500 verfügt. (tho)

Typ:	VRW	Baujahr:	2018
Feuerwehr:	FF Gernsbach (BW, RA)	zGG:	5.000 kg
Fahrgestell:	MB Sprinter 519 CDI 4x4	Radstand:	3.665 mm
Aufbau:	Rosenbauer		

Der Rüstwagen der FF Lengede ersetzt einen RW 1 (MB U 1300 L, Bund-Ausstattung für den Katastrophenschutz). Auch beim Neufahrzeug setzt die Feuerwehr auf Einzelbereifung an beiden Achsen. Rotzler-Winde TR 030/6, KWG-Generator 30 kVA, Schneidgerät Weber RSX 200-107 und Spreizer Weber SP 40-EN zählen zur Ausstattung des RW. (thw)

Typ:	RW	Baujahr:	2017
Feuerwehr:	FF Lengede (NI, PE)	zGG:	13.400 kg
Fahrgestell:	MAN TGM 13.290 4x4 BL	Radstand:	k.A.
Aufbau:	Lentner		

Da die FF Wahrenholz mit ihrem RW häufig zu Einsätzen in benachbarten Gemeinden gerufen wird, entschied man sich für eine Staffelkabine, um von Anfang an eine eingespielte Mannschaft an der Einsatzstelle zu haben, ohne ein weiteres Fahrzeug entsenden zu müssen. Rotzler TR 030/6, Stromerzeuger 30 kVA (KWG), Weber-Rettungssatz, Jäckle-Plasmaschneidgerät. (thw)

Typ:	RW	Baujahr:	2017
Feuerwehr:	FF Wahrenholz (NI, GF)	zGG:	15.200 kg
Fahrgestell:	MAN TGM 13.290 4x4 BL	Radstand:	4.250 mm
Aufbau:	Lentner		

MAN-Fahrerhaus Variante L; zur Ausstattung gehören u.a.: maschinelle Zugeinrichtung Rotzler TR 030/6, Lichtmast 6 x LED (pneumatisch), Stromaggregat fest eingebaut (30 kVA) und mobil (12 kVA), Paratech-Stabilisierungssystem „RW-Kit", zwei LED-Beleuchtungssysteme (je 960 W, Aldebaran). (kli)

Typ:	RW	Baujahr:	2017
Feuerwehr:	FF Lüneburg (NI, LG)	zGG:	18.000 kg
Fahrgestell:	MAN TGM 18.340 4x4 BB	Radstand:	4.500 mm
Aufbau:	Lentner		

Die österreichische Firma Walser lieferte diesen RW mit einer heckseitigen Dautel-Ladebordwand (Tragfähigkeit 1.500 kg). Eingebaut sind ein 30-kVA-Generator und eine maschinelle Zugeinrichtung von Rotzler (50 kN). Im Heck werden zwei Rollcontainer „Straßenbahn" und ein Rollcontainer „Hydraulischer Rettungssatz" mitgeführt. (tho)

Typ:	RW	Baujahr:	2017
Feuerwehr:	BF Freiburg/Br. (BW, FR)	zGG:	16.000 kg
Fahrgestell:	MAN TGM 18.340 4x4 BB	Radstand:	k.A.
Aufbau:	Walser		

Der Landkreis Uelzen hält an seiner FTZ in Uelzen einen RW vor, der nach 26 Jahren ersetzt worden ist. Ausrüstung u.a.: Zugeinrichtung Rotzler Treibmatic TR 080/6, ein fest verbautes und ein mobiles Stromaggregat (30 und 12 kVA), zwei Rettungssätze (hydraulisch und akkubetrieben, Resqtec) und ein druckluftbetriebenes Abstützsystem (Paratech). (kli)

Typ:	RW	Baujahr:	2017
Feuerwehr:	Landkreis Uelzen (NI, UE)	zGG:	18.000 kg
Fahrgestell:	MAN TGM 18.340 4x4 BB	Radstand:	4.500 mm
Aufbau:	Rosenbauer (Luckenwalde)		

Einen zweiten RW hat die BF Wuppertal beschafft, der Teil des Rüstzuges der Hauptfeuer- und Rettungswache ist. Großdimensionierte Ausrüstung: Zugeinrichtung Rotzler Treibmatic TR 080/6 und hydraulischer Rettungssatz von Weber (Rettungsschere RSX 185-105, Spreizer SP 60). (kli)

Typ:	RW	Baujahr:	2018
Feuerwehr:	BF Wuppertal (NW, W)	zGG:	18.000 kg
Fahrgestell:	MAN TGM 18.340 4x4 BB	Radstand:	4.200 mm
Aufbau:	Schlingmann		

Im Tausch für einen RW 2 (1991) ist ein RW übernommen worden – MB Atego mit verlängertem Fahrerhaus. Generator: 30 kVA. Zugeinrichtung: Rotzler TR 030/6. (Profeld)

Typ:	RW	Baujahr:	2017
Feuerwehr:	FF Ismaning (BY, M)	zGG:	16.000 kg
Fahrgestell:	MB Atego 1629 AF	Radstand:	4.150 mm
Aufbau:	Empl		

Der RW der an der Autobahn A8 gelegenen FF Wendlingen verfügt über einen 30-kVA-Generator, eine maschinelle Zugeinrichtung (Rotzler, 50 kN) sowie zwei Lichtmasten (vorne: 1.500-W-Halogen- und Metalldampflampen, hinten: LED). Der Hecklichtmast verfügt über eine Aufnahme für einen Powermoon-Beleuchtungsballon. (tho)

Typ:	RW	Baujahr:	2018
Feuerwehr:	FF Wendlingen (BW, ES)	zGG:	16.000 kg
Fahrgestell:	MB Atego 1530 AF	Radstand:	4.160 mm
Aufbau:	Rosenbauer		

Einen Vorgänger aus Jahr 1985 hat dieser RW ersetzt. Im Heckladeraum sind vier Rollcontainer (Beleuchtung, Belüftung, 2 x Gefahrgut {Pumpe, Fass}) untergebracht, die mittels einer Ladebordwand bewegt werden (Palfinger MBB C 1500 S). Zugeinrichtung: Rotzler TR 030/6, Stromerzeuger: 25 kVA (KWG), Lichtmast: 6 x LED (Fireco). (kli)

Typ:	RW	Baujahr:	2017
Feuerwehr:	FF Wallenhorst (NI, OS)	zGG:	18.000 kg
Fahrgestell:	Scania G 360 CB 4x4 HHZ	Radstand:	4.500 mm
Aufbau:	Ziegler (Mühlau)		

Der RW ist im Gerätehaus Spexard in unmittelbarer Nähe zur BAB 2 stationiert. Verkehrswarneinrichtung am Heck, EPH Verkehrsabsicherung, zwei Rettungssätze (Hydraulik + Akku), Paratec Abstützsystem, Sichtschutz, Schnellangriff Strom + Luft, Mini-Chiemseepumpe, Zugeinrichtung Rotzler TR 080/6 und Lichtmast auf dem Aufbau (8 x LED, Teklite). (kli)

Typ:	RW	Baujahr:	2017
Feuerwehr:	FF Gütersloh (NW, GT)	zGG:	18.000 kg
Fahrgestell:	Scania P 310 CB 4x4 HHZ	Radstand:	4.500 mm
Aufbau:	Rosenbauer (Luckenwalde)		

Auch in Telgte wurde ein RW mit Ladebordwand beschafft (Dautel DL 1500 S). (kli)

Typ:	RW-L	Baujahr:	2017
Feuerwehr:	FF Telgte (NW, WAF)	zGG:	k.A.
Fahrgestell:	MB Atego 1629 AF	Radstand:	k.A.
Aufbau:	Lentner		

Scania-RW-Logistik (Allison-Vollautomatik) mit geteilter Staffelkabine und Ladebordwand (Dautel DL 1500 S), über die der heckseitige Aufbau zur Aufnahme von drei Rollcontainern bedient wird: 1: „Rettungssatz“ (Lukas), 2: „Be- und Entlüftung“, 3: „Licht und Stromgenerator“. Zugeinrichtung: Rotzler TR 080/6. Rechte Aufbauseite: eine Markise, Dach: eine Verkehrswarnklapptafel. (kli)

Typ:	RW-L	Baujahr:	2018
Feuerwehr:	FF Vechta (NI, VEC)	zGG:	18.000 kg
Fahrgestell:	Scania P 360 CB 4x4 HHZ	Radstand:	4.500 mm
Aufbau:	Lentner		

Besonderheit des RW ist der Heckkran – Palfinger P 18502 SH, was auch das hohe zulässige Gesamtgewicht erklärt. Die Beladung ist RW-üblich, u.a.: Zugeinrichtung Rotzler TR 030/6, zwei Stromerzeuger (fest 30 kVA, mobil 14 kVA), Lichtmast (4 x LED), Schnellangriffe Strom und Luft, Plasmaschneider, diverse Akkuwerkzeuge. (kli)

Typ:	RW-Kran	Baujahr:	2018
Feuerwehr:	FF Halstenbek (SH, PI)	zGG:	19.500 kg
Fahrgestell:	Scania P 360 CB 4x4 HHZ	Radstand:	4.500 mm
Aufbau:	Schlingmann		

Der Rüst-Gerätewagen verfügt über einen eingebauten 40-kVA-Generator (GTS), eine 50-kN-Winde (Rotzler) und einen fest eingebauten Kompressor für den Betrieb des Hebe- und Dichtkissensatzes. Weitere Merkmale: Lichtmast 6 x LED, elektrische Mast-Pumpen, Dreibock für die Menschenrettung aus Tiefen. Eine Besonderheit des Fahrzeuges ist die Gruppenkabine. (thw)

Typ:	RGW	Baujahr:	2017
Feuerwehr:	WF Total, Leuna (ST, SK)	zGG:	15.000 kg
Fahrgestell:	MAN TGM 15.340 4x2 BL	Radstand:	4.125 mm
Aufbau:	Empl (Kaltenbach)		

8. Wechselladerfahrzeuge

„Universal-Hilfeleistungslöschfahrzeug", lackiert in Verkehrsrot mit FPN 10-3000 (N35), 3.000-l-Löschwasser- und 400-l-Schaummittelbehälter, 240 kg CO_2, Monitor auf dem Dach (RM25C) und elektrisch angetriebene Leiterabsenkung. Zusätzlich: fest eingebauter Stromerzeuger (60 kVA) und maschinelle Zugeinrichtung (Rotzler TR 080/6). (Profeld)

Typ:	WLF	Baujahr:	2017
Feuerwehr:	FF Hofheim (HE, MTK)	zGG:	26.000 kg
Fahrgestell:	MAN TGS 26.320 6x2-4 BL	Radstand:	4.200 + 1.350 mm
Aufbau:	Meiller		

Typ:
WLF
Feuerwehr:
BF Kiel (SH, KI)
Fahrgestell:
MAN TGS 26.360 6x2-4 BL
Aufbau:
Multilift/Koepsell
Baujahr:
2017
zGG:
26.000 kg

Auf dem neuesten von vier WLF in Kiel ist der AB-Gefahr(gut) verlastet. Koepsell Nutzfahrzeuge in Neumünster hat bereits mehrere WLF für Feuerwehren in Schleswig-Holstein ausgebaut. (kli)

Typ:
WLF
Feuerwehr:
BF Bochum (NW, BO)
Fahrgestell:
MAN TGS 26.400 6x2-4 BL
Aufbau:
Multilift
Baujahr:
2017
zGG:
26.000 kg

Standardmäßig ist auf dem 2017er WLF ein AB-Sonderlöschmittel aufgesattelt. Die Hakentechnik ist vom Typ Multilift XR21S. Die dritte Achse ist lift- und lenkbar. (kli)

Typ:
WLF
Feuerwehr:
Fw Offenburg (BW, OG)
Fahrgestell:
MAN TGS 28.440 6x2-4 BL
Aufbau:
Hiab-Multilift/Seidler
Baujahr:
2017
zGG:
26.000 kg

Das neue WLF der Feuerwehr Offenburg hat den 2017 von GSF gefertigten Abrollbehälter „Lüfter" aufgesattelt, der außer verschiedenen kleineren Druckbelüftern auch einen mobilen Großventilator mitführt. Dieser kann durch sein Fahrgestell abgesetzt vom Abrollbehälter betrieben werden. (tho)

Die Wechselladeeinrichtung (Multilift XR 18 S) montierte die Firma Südharzer Fahrzeugbau aus Berga auf dem Fahrgestell. Ladekran: HIAB X-HIPRO 192 E-4. Der AB-Schlauch/Logistik (ZFT, Bj. 2017) ist ständig mit 2.080 m B-Schlauch beladen, die während der Fahrt verlegt werden können. Bis zu sechs Rollwagen können mitgeführt werden. (thw)

Typ:	WLF	Baujahr:	2017
Feuerwehr:	FF Staßfurt (ST, SLK)	zGG:	26.000 kg
Fahrgestell:	MB Arocs 2536	Radstand:	5.100 +
Aufbau:	Multilift		1.350 mm

Zunächst ist nur ein Abrollbehälter (AB-Dekon) für das bei der Ortsfeuerwehr Friedrichsgabe stationierte WLF vorgesehen, demzufolge wird das Fahrzeug als GW-Dekon eingesetzt. Nach Angabe der Feuerwehr ist dies die wirtschaftlichste Lösung. (kli)

Typ:	WLF	Baujahr:	2018
Feuerwehr:	FF Norderstedt (SH, SE)	zGG:	26.000 kg
Fahrgestell:	MB Antos 2535 L 6x2/2	Radstand:	k.A.
Aufbau:	Meiller/Meindl		

9. Sonstige Fahrzeuge

Das KLAF wurde von Hensel als TSF-L Vorführfahrzeug nach Richtlinie Bayern gebaut, bevor es der FF Seligenstadt zum Umbau als KLAF angeboten wurde. Es ist mit einer Ladebordwand Dautel DL 1000 und einer Horizont-Verkehrswarneinrichtung ausgestattet. (Bunzel)

Typ:	KLAF	Baujahr:	2017
Feuerwehr:	FF Seligenstadt (HE, OF)	zGG:	7.200 kg
Fahrgestell:	Iveco Daily 70-210	Radstand:	4.350 mm
Aufbau:	Hensel		

Vier MB Citan in unterschiedlichen Karosserieausführungen und Radständen und mit Ausbau durch die Firma Schäfer beschaffte die Feuerwehr Frankfurt am Main für die Abteilung Information und Kommunikation. Der abgebildete MB Citan Mixto ist dem Sachgebiet Fernmeldewesen zugeteilt und mit einem Sortimo-Ausbau ausgestattet. (Bunzel)

Typ:	PKW	Baujahr:	2017
Feuerwehr:	BF Frankfurt am Main (HE, F)	zGG:	2.100 kg
Fahrgestell:	MB Citan Mixto 109 CDI	Radstand:	2.697 mm
Aufbau:	Schäfer		

Der Pressesprecher vom Dienst hat einen VW Passat Variant Comfortline BlueMotion mit 110 kW Motorleistung und DSG-Getriebe erhalten. Der Um- und Ausbau zum Einsatzfahrzeug erfolgte durch den werkseigenen VW-Sonderfahrzeugbau. Das weiße Fahrzeug wurde mit leuchtroten Folien beklebt. (Bunzel)

Typ:	PKW	Baujahr:	2017
Feuerwehr:	BF Frankfurt am Main (HE, F)	zGG:	2.140 kg
Fahrgestell:	VW Passat Variant 2,0 TDI	Radstand:	2.791 mm
Aufbau:	VW Sonderfahrzeugbau		

Im November 2017 hat die BF insgesamt 14 VW-e-Golf übernommen. Die PKW werden vorrangig für Dienstfahrten im Rahmen der Tätigkeit im vorbeugenden Brandschutz verwandt. Die Fahrzeuge haben einen 116-PS-Motor. Die Reichweite wird mit 130 bis 190 km angegeben. (Profeld)

Typ:	PKW	Baujahr:	2017
Feuerwehr:	BF München (BY, M)	zGG:	2.020 kg
Fahrgestell:	VW e-Golf	Radstand:	2.629 mm
Aufbau:	Serie		

Die FF Walldorf erhielt zwei identische als MZF bezeichnete PKW Peugeot Partner. Die mit einem Schaltgetriebe ausgestatteten Fahrzeuge verfügen über einen 98 PS starken Euro-6-Ottomotor. Die weiß lackierten Fahrzeuge wurden mit leuchtroten Folien beklebt und sind mit einem Hänsch-Blaulichtbalken (DBS 5000 LED) ausgestattet. (Bunzel)

Typ:	MZF	Baujahr:	2018
Feuerwehr:	FF Walldorf (BW, HD)	zGG:	2.000 kg
Fahrgestell:	Peugeot Partner	Radstand:	2.728 mm
Aufbau:	SFS Saar		

Als Kleintransporter hat die WF Securitas in Wittenberg (ehemals SKW Piesteritz) diesen Peugeot in Dienst gestellt. Motorisierung: Ottomotor, 1.598 cm³, 98 PS. (thw)

Typ:	MZF	Baujahr:	2017
Feuerwehr:	WF Securitas, Bitterfeld (ST, WB)	zGG:	2.000 kg
		Radstand:	2.728 mm
Fahrgestell:	Peugeot Partner Tepee		
Aufbau:	SFS Saar		

Für die Brandschutzerziehung beschaffte die BF Wiesbaden einen VW-Caddy-Kastenwagen. Der Caddy ist mit einem DSG-Getriebe ausgestattet, verfügt über 125 PS Motorleistung und wurde in einem der Aufgabe entsprechenden Design beklebt. (Bunzel)

Typ:	GW-Brandschutzerziehung	Baujahr:	2017
Feuerwehr:	BF Wiesbaden (HE, WI)	zGG:	2.095 kg
Fahrgestell:	VW Caddy Kasten	Radstand:	2.682 mm
Aufbau:	Hartmann		

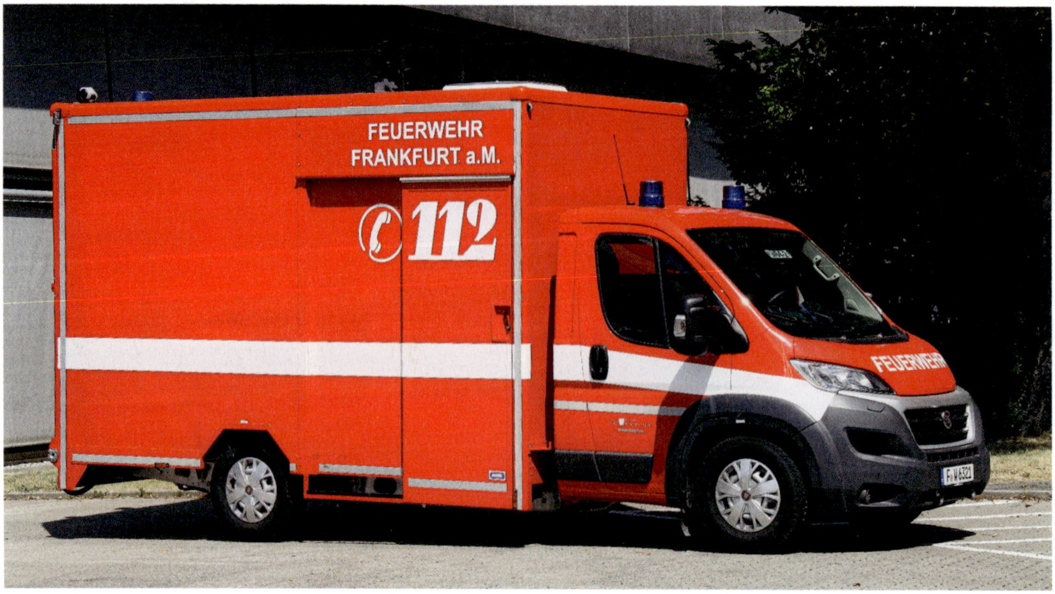

Die BF Frankfurt am Main erhielt im Juli 2018 den ersten von drei identischen GW-Kurier. Der Auf- und Ausbau des Kofferaufbaus erfolgte unter Verwendung eines Fiat-Ducato-Maxi-Triebkopfs (LHI 40 150 Multijet Euro 6) mit AL-KO-AMC-Tiefrahmenchassis und luftgefederter Hinterachse. (Bunzel)

Typ:	GW-Kurier	Baujahr:	2018
Feuerwehr:	BF Frankfurt am Main (HE, F)	zGG:	4.500 kg
Fahrgestell:	Fiat Ducato Maxi LHI 40 150	Radstand:	3.850 mm
Aufbau:	Maise		

Das Citan-Modell in der langen Version ist gebraucht erworben worden (Erstzulassung 2016) und dient als PKW/MTW. Auffällig ist das Beklebungsdesign nach „Battenburg"-Vorbild, das in Mettmann Standard werden soll. (kli)

Typ:	MTW	Baujahr:	2018
Feuerwehr:	FF Mettmann (NW, ME)	zGG:	2.200 kg
Fahrgestell:	MB Citan 111 CDI	Radstand:	3.081 mm
Aufbau:	Müller		

Die BF Heidelberg nutzt diesen MTW seit Juli 2017 vor allem zum Mannschafts- und Materialtransport. (tho)

Typ:	MTW	Baujahr:	2017
Feuerwehr:	BF Heidelberg (BW, HD)	zGG:	3.200 kg
Fahrgestell:	MB Vito 116	Radstand:	k.A.
Aufbau:	Schäfer		

Die Abteilung Hegensberg-Liebersbronn der FF Esslingen erhielt diesen MTW. Ein baugleiches Fahrzeug ging an die Abteilung Sulzgries. (tho)

Typ:	MTW	Baujahr:	2018
Feuerwehr:	FF Esslingen (BW, ES)	zGG:	3.500 kg
Fahrgestell:	MB Sprinter 316 CDI	Radstand:	3.665 mm
Aufbau:	Schäfer		

Die Feuerwehr Gelnhausen konnte für den Bereich West einen neuen MTW beschaffen. Das von Gimaex aufgebaute Fahrzeug verfügt über ein Automatikgetriebe und einen universellen Heckeinbau zur Lagerung der mitgeführten Beladung. Die Lackierung erfolgte in Tagesleuchtrot RAL 3024. (Bunzel)

Typ:	MTW	Baujahr:	2017
Feuerwehr:	FF Gelnhausen (HE, MKK)	zGG:	3.500 kg
Fahrgestell:	MB Sprinter 316 CDI	Radstand:	3.665 mm
Aufbau:	Gimaex		

Die Motorleistung des VW T6 mit langem Radstand beträgt 204 PS und die Kraftübertragung erfolgt über ein DSG-Getriebe. Im Heckladeraum wurde ein zweiter Ladeboden mit darunter befindlichem Auszug zur Gerätelagerung eingebaut. Die Blaulichtbalken sind vom Typ Hänsch DBS 5000 LED. (Bunzel)

Typ:	MTW	Baujahr:	2017
Feuerwehr:	FF Rodgau (HE, OF)	zGG:	3.200 kg
Fahrgestell:	VW Bus T6 2,0 TDI	Radstand:	3.400 mm
Aufbau:	Furtner & Ammer		

Der VW-Pritschenwagen der Werkfeuerwehr ArcelorMittal in Eisenhüttenstadt hat keine feste Beladung und dient als reiner Transporter für allgemeine Aufgaben. Dieselmotor, 1.968 cm³, 102 PS. (thw)

Typ:	LKW	Baujahr:	2017
Feuerwehr:	WF ArcelorMittal (BB, LOS)	zGG:	2.800 kg
Fahrgestell:	VW T6	Radstand:	3.000 mm
Aufbau:	Serie		

LKW mit Tipmatic-Getriebe für allgemeine Transport- und Logistikaufgaben. Die Palfinger Ladebordwand MBB C 1500 S hat eine Hubkraft von 1.500 kg. Die Ladefläche kann auch als Umkleidebereich für CSA-Träger umgestaltet werden. (Bunzel)

Typ:	LKW	Baujahr:	2017
Feuerwehr:	FF Langen (HE, OF)	zGG:	15.000 kg
Fahrgestell:	MAN TGM 13.290 4x4 BL	Radstand:	4.250 mm
Aufbau:	Walser		

Die BF Frankfurt am Main erhielt einen dritten Fahrschulzug. Der Auf- und Ausbau der Euro-6-Zugmaschine mit XXL-Fernfahrerhaus erfolgte komplett von MAN Truck & Bus. Zugmaschine und Anhänger sind mit BDF-Aufnahmen für Wechselbrücken ausgestattet. (Bunzel)

Typ:	LKW (GW-Fahrschule)	Baujahr:	2018
Feuerwehr:	BF Frankfurt am Main (HE, F)	zGG:	18.000 kg
Fahrgestell:	MAN TGX 18.420 4x2 LL	Radstand:	5.500 mm
Aufbau:	MAN Truck & Bus		

Die BF Heilbronn ersetzte 2017 ihren älteren Feuerwehrkran durch diesen Liebherr LTM 1070-4.2. Am Heck ist eine maschinelle Zugeinrichtung von Rotzler mit einer Zugkraft von 110 kN eingebaut. (tho)

Typ:	FwK 70	Baujahr:	2017
Feuerwehr:	BF Heilbronn (BW, HN)	zGG:	k.A.
Fahrgestell:	Liebherr	Radstand:	k.A.
Aufbau:	Liebherr		

10. Rettungsdienstfahrzeuge

Schon seit vielen Jahren setzt die BF München einen spezialisierten Kinder-Notarzt ein. Für diese Funktion ist ein BMW-SUV beschafft worden. Das Fahrzeugdesign ist nach den Vorgaben des BRK, ergänzt durch die Stadtwappen und zusätzliche Beschriftungen, gestaltet. (Profeld)

Typ:	Kinder-NEF	Baujahr:	2018
Feuerwehr:	BF München (BY, M)	zGG:	2.465 kg
Fahrgestell:	BMW X3 xDrive20d	Radstand:	2.810 mm
Aufbau:	Eigen		

Zwei baugleiche NEF als Ersatz für die NEF auf Basis des Porsche Cayenne erhielt die BF Stuttgart. Die Fahrzeuge sind dem medizinischen Rettungsdienst an der Feuer- und Rettungswache 5 zugeordnet. (tho)

Typ:	NEF	Baujahr:	2018
Feuerwehr:	BF Stuttgart (BW, S)	zGG:	3.200 kg
Fahrgestell:	MB Vito 119 CDI	Radstand:	3.430 mm
Aufbau:	WAS		

In der längeren Karosserievariante des MB Vito hat die FF Bad Oeynhausen ein NEF des Typs „WAS 100" mit modularem Heckschranksystem und Arbeitstisch erhalten. (kli)

Typ:	NEF	Baujahr:	2017
Feuerwehr:	FF Bad Oeynhausen (NW, MI)	zGG:	3.050 kg
Fahrgestell:	MB Vito Tourer 119 CDI 4x4	Radstand:	3.200 mm
Aufbau:	WAS		

Auf der Basis eines MB Vito Tourer mit 190 PS Motorleistung und Automatikgetriebe erfolgte der Ausbau zum NEF durch die bisher auf diesem Markt eher unbekannte Firma Harms Böttger Automobiltechnik aus Wolfhagen unter Verwendung von ALUCA-Systemteilen. (Bunzel)

Typ:	NEF	Baujahr:	2017
Feuerwehr:	FF Fulda (HE, FD)	zGG:	3.200 kg
Fahrgestell:	MB Vito Tourer 119 CDI	Radstand:	3.200 mm
Aufbau:	Harms Böttger		

Ein Allrad-MB-Vito mit Redcar-Ausbau ist in den Beschaffungsjahren 2016 und 2017 das Standard-NEF-Modell der Feuerwehr Düsseldorf. Das abgebildete Fahrzeug ist an der Feuer- und Rettungswache 1 stationiert. (kli)

Typ:	NEF	Baujahr:	2017
Feuerwehr:	BF Düsseldorf (NW, D)	zGG:	3.050 kg
Fahrgestell:	MB Vito Mixto 119 CDI 4x4	Radstand:	3.200 mm
Aufbau:	Redcar (Leutert)		

Die BF Hamburg ist von VW-Grundmodellen auf MB Sprinter mit kurzem Radstand umgestiegen. Die Fahrzeuge sollen die Möglichkeit bieten, alternativ als NEF und ELW genutzt werden zu können. Über dem Heck befindet sich ein Schiebelement, das als Wetterschutz dienen soll. (kli)

Typ:	NEF	Baujahr:	2018
Feuerwehr:	BF Hamburg (HH, HH)	zGG:	3.500 kg
Fahrgestell:	MB Sprinter 313 CDI	Radstand:	3.250 mm
Aufbau:	Miesen		

Zum Beginn des Jahres 2018 hat die BF Hildesheim den Notarztdienst in der Stadt und im Landkreis übernommen. Für die beiden Notarztwachen wurden zwei baugleiche VW Kombi (T6) mit Allradantrieb beschafft und zudem ein älterer ELW zum Reserve-NEF umgebaut. Motorisierung der neuen Fahrzeuge: Diesel, 1.968 cm³, 190 PS. (thw)

Typ:	NEF	Baujahr:	2017
Feuerwehr:	BF Hildesheim (NI, HI)	zGG:	3.080 kg
Fahrgestell:	VW T6 4motion	Radstand:	3.000 mm
Aufbau:	Ambulanz Mobile		

Aus der landesweiten 2018er Beschaffungsreihe „NEF Typ Schleswig-Holstein" stammt das Fahrzeug der BF Kiel. Erstmals sind in der vorderen Stoßstange zwei zusätzliche Blitzer eingelassen, die im 45-Grad-Winkel abstrahlen. (kli)

Typ:	NEF	Baujahr:	2017
Feuerwehr:	BF Kiel (SH, KI)	zGG:	3.200 kg
Fahrgestell:	VW T 6 2.0 TDI 4motion	Radstand:	3.000 mm
Aufbau:	Binz		

Die BF Remscheid beschafft VW-T6-NEF mit Allradantrieb in der Hochdach-Ausführung. Zwei NEF sind an der Hauptfeuerwache stationiert. (kli)

Typ:	NEF	Baujahr:	2018
Feuerwehr:	BF Remscheid (NW, RS)	zGG:	3.200 kg
Fahrgestell:	VW T 6 2.0 TDO 4motion	Radstand:	3.000 mm
Aufbau:	Binz		

Die BF München praktiziert teilweise weiterhin ein NAW-System. Hierfür ist der MB-Sprinter mit Kofferaufbau „Modell Bayern" und neuem Design beschafft worden. Seine Funktion wird am Schriftzug erkennbar. (Profeld)

Typ:	NAW	Baujahr:	2017
Feuerwehr:	BF München (BY, M)	zGG:	4.600 kg
Fahrgestell:	MB Sprinter 519 CDI	Radstand:	3.665 mm
Aufbau:	WAS		

Besonderheit des aktuellen Baby-RTW der BF Lübeck ist der AL-KO-Tiefbettrahmen. Der Ambulanztisch von WAS, der den Inkubator aufnimmt, ist quer montiert. (kli)

Typ:	Baby-RTW	Baujahr:	2017
Feuerwehr:	BF Lübeck (SH, HL)	zGG:	4.200 kg
Fahrgestell:	MB Sprinter 319 CDI	Radstand:	3.850 mm
Aufbau:	WAS		

Im NRW-üblichen Design ist einer der aktuellen RTW mit Kofferaufbau in Oberhausen gehalten. (kli)

Typ:	RTW	Baujahr:	2017
Feuerwehr:	BF Oberhausen (NW, OB)	zGG:	5.000 kg
Fahrgestell:	MB Sprinter 516 CDI	Radstand:	3.665 mm
Aufbau:	WAS		

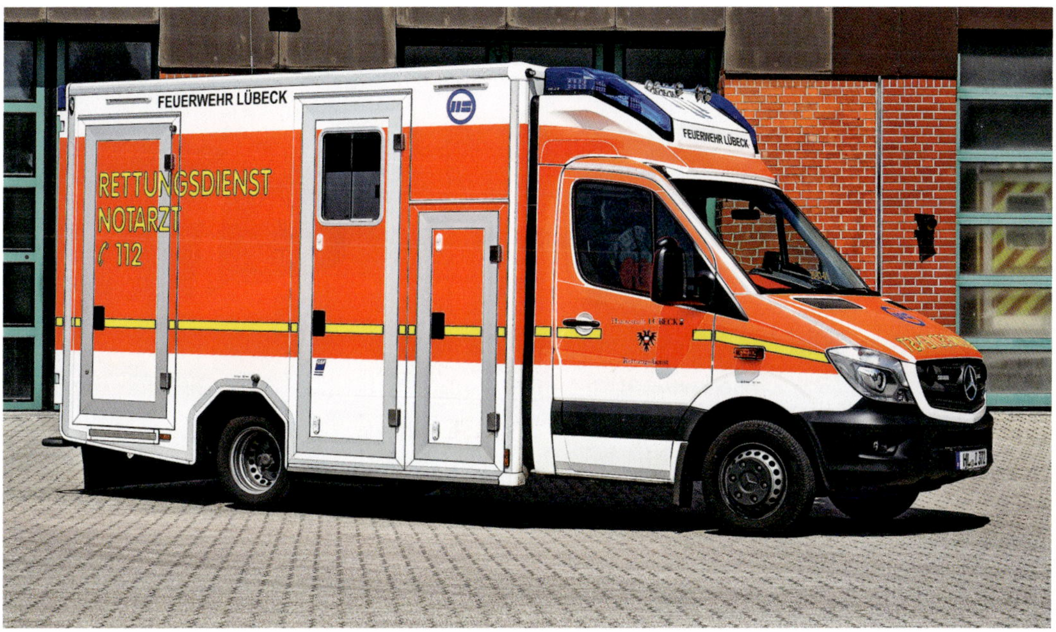

GSF hat mit einer Ausnahme bisher alle zweijährigen Ausschreibungen über Rahmenverträge zur Lieferung von landeseinheitlichen RTW in Schleswig-Holstein gewonnen. Einen Repräsentanten der aktuellen 2018er Version hat die BF Lübeck erhalten. (kli)

Typ:	RTW	Baujahr:	2018
Feuerwehr:	BF Lübeck (SH, HL)	zGG:	5.000 kg
Fahrgestell:	MB Sprinter 519 CDI	Radstand:	3.665 mm
Aufbau:	GSF		

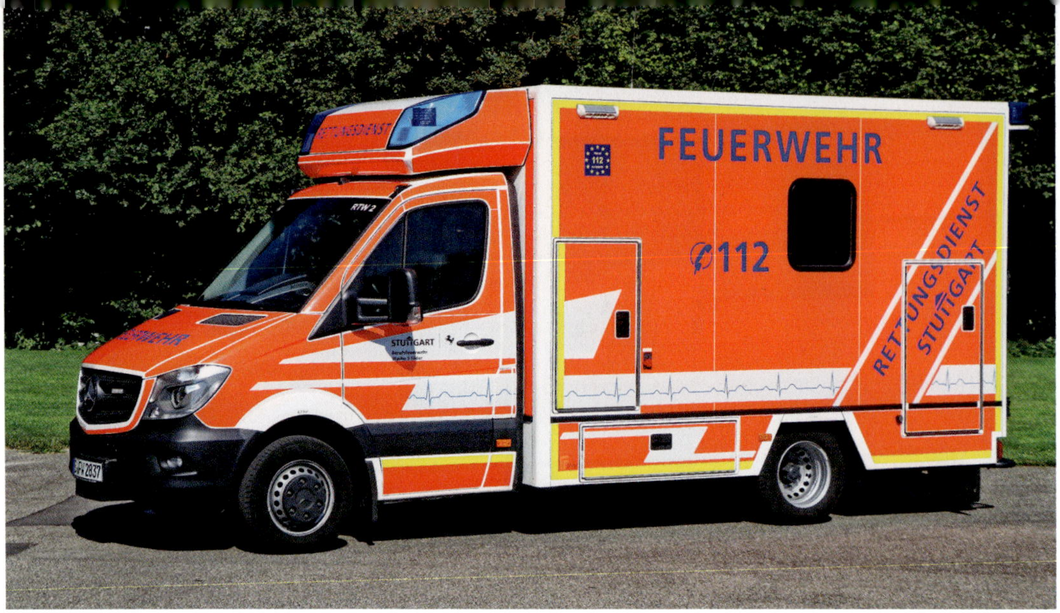

Die BF Stuttgart ließ die 2012 erstellten Kofferaufbauten ihrer beiden RTW im Jahr 2017 auf neue Fahrgestelle umsetzen. Als Fahrgestelle fanden MB Sprinter 519 CDI Verwendung. (tho)

Typ:	RTW	Baujahr:	2017
Feuerwehr:	BF Stuttgart (BW, S)	zGG:	5.000 kg
Fahrgestell:	MB Sprinter 519 CDI	Radstand:	k.A.
Aufbau:	Fahrtec Systeme		

Ein Intensiv-RTW auf MB-Atego-Euro-6-Fahrgestell wird in Bad Oeynhausen vorgehalten; aufgrund der Klinikstruktur erfolgt regelmäßig die Anforderung zur Verlegung von Herz-Patienten. Die Ladebordwand (Dhollandia 1.500 kg) ist mit einem geeichten Wiegesystem zur Ermittlung des Patientengewichts ausgestattet. (ldi)

Typ:	IRTW	Baujahr:	2018
Feuerwehr:	FF Bad Oeynhausen (NW, MI)	zGG:	10.500 kg
Fahrgestell:	MB Atego 1024 L	Radstand:	3.620 mm
Aufbau:	WAS		

Ein RTW für Intensivpatienten, erstmalig auf einem DAF-Fahrgestell, steht im Rahmen einer Ersatzbeschaffung an der Essener Feuer- und Rettungswache 1. Am Heck befindet sich eine Bär-Ladebordwand (BC 1500 B4-S4). (kli)

Typ:	IRTW	Baujahr:	2018
Feuerwehr:	BF Essen (NW, E)	zGG:	10.000 kg
Fahrgestell:	DAF LF 210 FA 4x2	Radstand:	k.A.
Aufbau:	Fahrtec Systeme		

Die BF Remscheid setzt bei den KTW bewusst auf lange Radstände, um ein großzügiges Platzangebot im Innenraum vorhalten zu können. (kli)

Typ:	KTW	Baujahr:	2016 (2017 i.D.)
Feuerwehr:	BF Remscheid (NW, RS)	zGG:	3.500 kg
Fahrgestell:	MB Sprinter 316 CDI	Radstand:	3.665 mm
Aufbau:	Binz		

11. Rehabs

SFS Saar hat 2018 einen Leasing-Rückläufer für die FF Burg zu einem ELW 1 umgebaut und ausgerüstet. Feinarbeiten am Design und an der Ausrüstung wurden von der Feuerwehr vorgenommen. Es ist ausschließlich Digitalfunktechnik verbaut. (kli)

Typ:	ELW 1	Baujahr:	2013/2018
Feuerwehr:	FF Burg (SH, HEI)	zGG:	3.050 kg
Fahrgestell:	MB Vito 116 CDI 4x4	Radstand:	3.200 mm
Aufbau:	SFS Saar/Eigen		

Aus einem vom Bund abgegebenen LF 16-TS (KatS) ließ sich die FF Berßel (Stadt Osterwieck) von der Fa. Autocenter Blankenburg ein Fahrzeug bauen, das über einen 1.000-l-Löschwasserbehälter verfügt. FP 16/8 ZS, TS 8/8 von Rosenbauer, Einrichtung zur schnellen Wasserabgabe (D-Druckschlauch), LED-Lichtmast, Stromerzeuger 6 kVA. (thw)

Typ:	LF 16/10-TS	Baujahr:	1991/2018
Feuerwehr:	FF Berßel (ST, HZ)	zGG:	9.000 kg
Fahrgestell:	MB 917 AF	Radstand:	3.600 mm
Aufbau:	Lentner/Ziegler, Umbau ACB		

Eine Aktualisierung des Brandschutzbedarfsplanes für die Gemeinde Burg in Dithmarschen hatte die Notwendigkeit für die Vorhaltung eines Hubrettungsfahrzeugs ergeben. Letztlich fiel die Entscheidung zur Beschaffung eines Gebrauchtfahrzeugs. Die abgebildete DLK 18-12 stand bis 2018 bei der FF Büdelsdorf. (kli)

Typ:	DLK 18-12	Baujahr:	1998
Feuerwehr:	FF Burg (SH, HEI)	zGG:	12.000 kg
Fahrgestell:	MB 1124 F	Radstand:	3.600 mm
Aufbau:	Metz		

Diesen ehemaligen ELW 1, einen VW Transporter mit Mittelhochdach, ließ sich die BF Hildesheim von einem örtlichen Karosseriebaubetrieb Anfang 2018 zum (Reserve-) NEF umbauen. Auch äußerlich wurde das Fahrzeug den beiden zeitgleich beschafften neuen NEF angepasst. (thw)

Typ:	NEF	Baujahr:	2006/2018
Feuerwehr:	BF Hildesheim (NI, HI)	zGG:	3.000 kg
Fahrgestell:	VW T5	Radstand:	3.000 mm
Aufbau:	Karosserie- & Lackzentrum Bockenem		

Neuheiten international

Jochen Thorns

Feuerwehrfahrzeuge im Ausland üben auf den Betrachter aufgrund des ungewohnten Erscheinungsbildes oft eine gewisse Anziehungskraft aus. Der Fachmann erkennt in Deutschland eher unbekannte Aufbauhersteller oder andere technisch-taktische Konzepte. In diesem Kapitel stellen wir schlaglichtartig neue Einsatzfahrzeuge der Feuerwehren in Europa vor, ohne einen repräsentativen Überblick bieten zu können. Den Abschluss bilden zwei Sonderfahrzeuge, die Rosenbauer nach Asien geliefert hat.

Dank für die Unterstützung gilt Henri de Beul, Hans-Joachim Profeld und Dirk Wieczorek.

Staat:
Schweden
Typ:
GW-Logistik
Feuerwehr:
WF Flughafen Arlanda
Fahrgestell:
VW T6 4motion DSG
Aufbau:
Floby
Indienststellung:
2017

Für allgemeine Transportaufgaben nutzt die Werkfeuerwehr am Stockholmer Flughafen Arlanda diesen GW-Logistik. Der Kofferaufbau ist entsprechend des Zwecks leer. (tho)

Staat:
Schweden
Typ:
TLF
Feuerwehr:
BF Stockholm
Fahrgestell:
Scania P 370 LB 4x2 HNB
Aufbau:
Floby
Baujahr:
2017

Die BF Stockholm stellte 2017 zwei identische neue TLF in Dienst. Sie führen 2.500 l Wasser und 100 l Schaummittel in Löschmittelbehältern mit. Ein 5,5-KVA-Stromerzeuger ist ebenso fest eingebaut wie das Cobra-Cold-Cut-System. Dafür sind in einem Tank 100 l Abrasionsmittel gelagert. (tho)

Staat:
Frankreich
Typ:
DLAK 23/12 (EPC 32)
Feuerwehr:
SDMIS 69 (Lyon/Rhône)
Fahrgestell:
MB Atego 1627 F
Aufbau:
Rosenbauer
Baujahr:
2018

Die neue Gelenkdrehleiter der Feuerwehr der Metropolregion Lyon/Rhône wurde von Rosenbauer Karlsruhe bereits in der aktuellen Version L 32 A-XS 3.0 gefertigt. (tho)

Staat:
Frankreich
Typ:
DLAK 23/12 (EPC 32)
Feuerwehr:
SDIS 67 (Bas-Rhin)
Fahrgestell:
MB Atego 1527 F
Aufbau:
Rosenbauer
Baujahr:
2017

An der Feuerwache Strasbourg-Sud ist diese in Frankreich als EPC 32 bezeichnete DLAK 23/12 stationiert. Die Herstellerbezeichnung lautet L 32. (tho)

Staat:
Frankreich
Typ:
WTLF (CCFM)
Feuerwehr:
SDIS 67 (Bas-Rhin)
Fahrgestell:
Renault D 4x4
Aufbau:
Sides
Baujahr:
2018

Die Feuerwehr des Départments Bas-Rhin hat Anfang 2018 mehrere dieser Waldbrand-TLF erhalten. Das abgebildete Fahrzeug ist an der Feuerwache Selestat stationiert. Zur Ausstattung gehören ein 3.500-l-Löschwasserbehälter (zzgl. 400 l Wasser für die Selbstschutzanlage), eine FPN 15-2000 und eine elektrische Frontseilwinde (54 kN). (tho)

Die BF Genf hat 2017 fünf baugleiche „Fourgon" als Kleinalarmfahrzeuge beschafft. Sie verfügen über einen LED-Lichtmast, drei Pressluftatmer im Mannschaftsraum und einen Pressluftatmer am Beifahrerplatz. Löschtechnische Einrichtungen sind nicht vorhanden. (tho)

Staat:	Schweiz	Aufbau:	Brändle
Typ:	KLAF (Fourgon)	Baujahr :	2017
Feuerwehr:	BF Genf		
Fahrgestell:	Iveco Daily 72-210 Hi-Matic		

Das neue TLF der BF Genf fertigte Brändle in der „Pedro-Rosso"-Bauform auf einem Fahrgestell mit einem Radstand von 4.200 mm. Löschtechnische Einrichtungen: 2.500-l-Löschwasserbehälter, 300-l-Schaummitteltank, Foa-m-ix-Druckzumischanlage, FPN 10-3000. (tho)

Staat:	Schweiz	Aufbau:	Brändle
Typ:	TLF (Tonne-Pompe)	Baujahr :	2018
Feuerwehr:	BF Genf		
Fahrgestell:	MAN TGS 18.360 4x2 BB		

Fünf baugleiche RTW mit einem Baus-Ausbau lieferte der Schweizer Vertriebspartner ACT an die BF Genf. (tho)

Staat:	Schweiz	Aufbau:	Baus
Typ:	RTW (Ambulance)	Baujahr :	2018
Feuerwehr:	BF Genf		
Fahrgestell:	MB Sprinter 519 CDI		

Das WLF im neuen Design der BF Genf hat den 2018 gelieferten Abrollbehälter „Pumpen“ aufgesattelt. Diesen hat Brändle erstellt. Mitgeführt werden darin u.a. zwei Hydrosub-Pumpen (HFS) und vier kleinere Riverside-Pumpen. Es gibt zwei baugleiche WLF. (tho)

Staat:	Schweiz	Aufbau:	Italev/Galatti
Typ:	WLF	Baujahr :	2017
Feuerwehr:	BF Genf		
Fahrgestell:	Volvo FM (4x2)		

Der Flughafen Bern setzt den ersten „Panther 6x6 S" in der Schweiz ein. Das FLF führt 8.000 l Wasser, 1.200 l Schaummittel und 225 kg Pulver mit. Als Feuerlöschkreiselpumpe fand die R600 (FPN 10-6000) Verwendung. Das Fahrzeug mit nur 2,5 m Breite wird von einem 700 PS leistenden Volvo-Motor angetrieben. (tho)

Staat:	Schweiz	Aufbau:	Rosenbauer
Typ:	FLF 8000/1200/225	Baujahr :	2017
Feuerwehr:	WF Flughafen Bern		
Fahrgestell:	RBI 33.700 6x6 S		

Im kompakt gebauten Sonderlöschfahrzeug der WF VLS sind ein 800-l-Schaummitteltank und eine FireDos-Zumischanlage eingebaut. (de Beul)

Staat:	Belgien	Aufbau:	Vanassche FFE
Typ:	SLF	Baujahr :	2017
Feuerwehr:	WF VLS, Gent		
Fahrgestell:	MB Sprinter 519 CDI		

Der RW ist am Standort Hamme stationiert und hat eine Besatzung von 1/6. Ein Generator ist ebenso vorhanden wie ein LED-Lichtmast und eine Umfeldbeleuchtung. Im Heckgeräteraum ist Platz für drei Rollcontainer. (de Beul)

Staat:	Belgien	Aufbau:	Fire Technics
Typ:	RW	Baujahr :	2018
Feuerwehr:	Hilfeleistungszone Oost		
Fahrgestell:	Man TGM 15.290 4x2		

Das TLF verfügt über eine kombinierte Hochdruck-Normaldruckpumpe FPH 40-400+FPN 10-2000 von Ziegler, einen 2.500-l-Löschwasserbehälter, zwei Schaummitteltanks (100 + 200 l), einen fest eingebauten 5,2-kVA-Stromerzeuger, einen LED-Lichtmast und hydraulische Rettungsgeräte.
de Beul)

Staat:	Belgien	Aufbau:	Vanassche FFE
Typ:	TLF	Indienststellung:	2017
Feuerwehr:	WF Arcelor-Mittal, Gent		
Fahrgestell:	MB Atego 1530 F		

Am Standort Sint-Niklaas wurde 2017 der von Van Hool neu gebaute Tankauflieger für 25.000 l Wasser stationiert. Die Sattelzugmaschine stammt bereits aus dem Jahr 2012 und wurde 2016 durch Somati refurbished. (de Beul)

Staat:	Belgien	Aufbau:	Van Hool
Typ:	TW 25000	Baujahr :	2017
Feuerwehr:	Hilfeleistungszone Waasland		
Fahrgestell:	Iveco AT 440S33T/P		

Die M 32 L-AS von Magirus ist an der Feuerwache Gentbrugge stationiert und verfügt über den Rettungskorb RC 400. Ein fest eingebauter 9-kVA-Stromerzeuger ist vorhanden. (de Beul)

Staat:	Belgien	Aufbau:	Magirus
Typ:	DLAK 23/12	Baujahr :	2017
Feuerwehr:	Hilfeleistungszone Centrum		
Fahrgestell:	Renault D 16		

Der RTW ist am Standort Beveren stationiert.
(de Beul)

Staat:	Belgien	Aufbau:	WAS/Autograph
Typ:	RTW	Baujahr :	2017
Feuerwehr:	Hilfeleistungszone Waasland		
Fahrgestell:	MB Sprinter 319 CDI		

Der Tankwagen ist am Standort Assenede stationiert und führt 12.000 l Wasser sowie 600 l Detergent mit. Als Feuerlöschkreiselpumpe fand eine kombinierte Normaldruck-/Hochdruckpumpe FPN 10-4000+FPH 40-250 Verwendung. Die Beschaffung erfolgte über das Innenministerium.
(Wieczorek)

Staat:	Belgien	Aufbau:	Vanassche FFE
Typ:	TW 120000	Baujahr :	2017
Feuerwehr:	Hilfeleistungszone Centrum		
Fahrgestell:	Scania G 450 LB 6x4 MSZ		

Für die Hilfeleistungszone Meetjesland wurden fünf baugleiche Fahrzeuge beschafft, die 8.500 l Wasser und 200 l Schaummittel mitführen. FPN 10-2000. Das abgebildete Fahrzeug ist an der Feuerwache Kaprijke stationiert. (Wieczorek)

Staat:	Belgien	Aufbau:	Fire Technics
Typ:	TW 8000	Indienststellung:	2017
Feuerwehr:	Hilfeleistungszone Meetjesland		
Fahrgestell:	Renault C 320 P 4x2		

Die Provinz Utrecht bestellte für die nächsten acht Jahre 67 (mit Option auf weitere 38) Fahrzeuge bei Ziegler Niederlande. Das TLF (FPN 10-3000, 1.500 l Wasser) verfügt über die Z-Cab XL. Die Kabine ist mit dem Originalfahrerhaus verbunden und wird als längere Premiumvariante der Ziegler Z-Cab angeboten. (Wieczorek)

Staat:	Niederlande	Aufbau:	Ziegler
Typ:	Tankautospuit (TLF)	Baujahr :	2018
Feuerwehr:	Fw. Maarssen		
Fahrgestell:	MB Atego 1527 F		

Das TLF führt 3.000 l Wasser und eine kombinierte Normaldruck-/Hochdruckpumpe FPN 10-3000+ FPH 40-250 mit. (Wieczorek)

Staat:	Niederlande	Aufbau:	DRV
Typ:	Tankautospuit (TLF)	Baujahr :	2017
Feuerwehr:	Fw. Ijmuiden		
Fahrgestell:	MAN TGM 18.290 4x4 BB		

Insgesamt sieben baugleiche Tankwagen beschaffte die Provinz Gelderland. Mitgeführt werden 15.600 l Wasser. Eine FPN 10-3000 ist eingebaut. (Wieczorek)

Staat:	Niederlande	Aufbau:	IFFS
Typ:	TW 15000	Baujahr :	2017
Feuerwehr:	Fw. Ermelo		
Fahrgestell:	DAF CF 370 FAN		

Staat:
Tschechien
Typ:
GTLF
Feuerwehr:
WF Diamo, Hamr na Jezeře
Fahrgestell:
Scania P 410 CB 6x6 HHZ
Aufbau:
Kobit
Baujahr:
2017

Das GTLF trägt die blaue Farbe der Werkfeuerwehr und Grubenwehr einer Uranmine. Es verfügt über einen 9.000-l-Löschwasserbehälter und eine FPN 10-3000. (Wieczorek)

Staat:
Tschechien
Typ:
WLF
Feuerwehr:
FF Hrádek nad Nisou
Fahrgestell:
MB Actros 4148 A
Aufbau:
Multilift/Hiab/KOV
Baujahr:
2017

Das allradangetriebene WLF hat den 2017 von KOV gelieferten Abrollbehälter „Logistik" aufgesattelt. (Wieczorek)

Staat:
Polen
Typ:
TLF
Feuerwehr:
BF Gdynia
Fahrgestell:
MB Atego 1530 AF
Aufbau:
Bocar
Baujahr:
2017

Der polnische Hersteller Bocar erstellte den Aufbau dieses TLF mit einem 2.000-l-Löschwasserbehälter, zwei 105- bzw. 215-l-Schaummitteltanks (Klasse-A- und B-Schaummittel), einer Druckluftschaumanlage und einer kombinierten Normaldruck-/Hochdruckpumpe FPN 10-3000+40-400. (Wieczorek)

Ziegler lieferte dieses Sonderlöschfahrzeug an die zweitgrößte Ölraffinerie Polens in Danzig. An Löschmitteln werden 6.000 l Wasser und 14.000 l Schaummittel mitgeführt. Die Feuerlöschkreiselpumpe leistet 8.000 l/min bei 10 bar. (Wieczorek)

Staat:	Polen	Aufbau:	Ziegler
Typ:	SLF	Baujahr :	2017
Feuerwehr:	WF Lotos, Gdansk		
Fahrgestell:	MB Actros 4151 A		

Die Werkfeuerwehr des Chemiewerkes in Police erhielt von Rosenbauer eine der ersten, 2018 vorgestellten Hubarbeitsbühnen B62 mit einer Arbeitshöhe von 62 m. (Wieczorek)

Staat:	Polen	Aufbau:	Rosenbauer
Typ:	HAB 62	Baujahr :	2018
Feuerwehr:	WF Grupa Azoty, Police		
Fahrgestell:	Volvo FMX 500		

Das HLFA 2 verfügt über 800 l Wasser, eine Einbaupumpe, einen Lichtmast, einen tragbaren Stromerzeuger sowie im Heck hydraulisches Rettungsgerät. Frontseitig ist außerdem eine Zugeinrichtung (Fabrikat Warn, 54 kN) vorhanden. Besatzung: 1/5. (Profeld)

Staat:	Österreich	Aufbau:	Nusser
Typ:	HLFA 2	Baujahr :	2017
Feuerwehr:	FF Lugendorf		
Fahrgestell:	MB U 218		

Besatzung 1/6. Der Löschwasserbehälter fasst 3.400 l und der Schaummittelbehälter 100 l. FPN 10-3500 (N35). Außerdem stehen ein LED-Lichtmast, ein Werfer RM 24 M sowie eine Zugeinrichtung Rotzler TR080/6(80kN) zur Verfügung. (Profeld)

Staat:	Österreich	Aufbau:	Rosenbauer
Typ:	HLF 3	Baujahr :	2018
Feuerwehr:	FF Tulln		
Fahrgestell:	Scania P 400 CB 4x4		

Der Löschwasserbehälter fasst 3.000 l und der Schaummittelbehälter 50 l. FPN 10-3000, One-Seven-Druckzumischsystem. Maschinelle Zugeinrichtung (Pomp; 50 kN), Frontsprühbalken, Staffelbesatzung. (Profeld)

Staat:	Österreich	Aufbau:	Gimaex
Typ:	HLF 4	Baujahr:	2017
Feuerwehr:	FF Kainbach b. Graz		
Fahrgestell:	Volvo FMX 410 4x4		

Aktuelle Löschfahrzeug-Generation des Österreichischen Bundesheeres. 3.000 l Wasser, 400 l Schaummittel, 250 kg Pulver, FPN 10-3500 (N35), ND-FixMix-Schaummittelzumischsystem, Dachwerfer RM2 C, LED-Lichtmast, maschinelle Zugeinrichtung (Maxwald, 54 kN). (Profeld)

Staat:	Österreich	Aufbau:	Rosenbauer
Typ:	ULFA 3000/400/250	Baujahr:	2017
Feuerwehr:	Bundesheer		
Fahrgestell:	MAN TGM 18.340 4x4		

Aktuelle Löschfahrzeug-Generation des Österreichischen Bundesheeres. 4.000 l Wasser, 200 l Schaummittel, FPN 10-3500 (N35), NDFixMix-Schaummittelzumischsystem, Dachwerfer RM24, LED-Lichtmast, maschinelle Zugeinrichtung (Maxwald, 54 kN). (Profeld)

Staat:	Österreich	Aufbau:	Rosenbauer
Typ:	Löschfahrzeug-ABC	Baujahr :	2018
Feuerwehr:	Bundesheer		
Fahrgestell:	MAN TGM 18.340 4x4		

Die Hubarbeitsbühne ist als Kombinationsfahrzeug (FA – First Attack) ausgeführt und führt 4.000 l Schaummittel, eine Hydromatic-Schaummittelzumischung, eine FPN 10-8000 (N80) sowie zwei Werfer (Akron 4.800 l/min am Rettungskorb und RM35 4.750 l/min auf dem Aufbau) mit. (tho)

Staat:	Österreich	Aufbau:	Rosenbauer
Typ:	HAB 42-FA	Baujahr :	2018
Feuerwehr:	BtF Industriepark Schwechat		
Fahrgestell:	MB Arocs 3751 8x4		

Die Feuerwehr der Stadt Quzhou bestellte bei Rosenbauer Karlsruhe diese L 56 mit einer Arbeitshöhe von 56 m und einem Vier-Personen-Rettungskorb (450 kg). Auf den Obergurten der Drehleiter befindet sich ein Aufzug, am Rettungskorb ein Wasserwerfer RM8 (2.000 l/min). (tho)

Staat:	China	Aufbau:	Rosenbauer
Typ:	DLAK 56	Baujahr :	2018
Feuerwehr:	BF Quzhou		
Fahrgestell:	MB Actros 2641		

Rosenbauer lieferte an die Raffineriegesellschaft GS Caltex diesen Löscharm mit einer Arbeitshöhe von 43 m. Eingebaut sind eine FPN 10-8000 (N80), eine Hydromatic-Schaumzumischung und ein 4.000-l-Schaummitteltank. Auf dem Fahrerhausdach befinden sich zwei große Lautsprecher, am Drehturm ein 14-kVA-Stromerzeuger. (tho)

Staat:	Südkorea	Aufbau:	Rosenbauer
Typ:	Löscharm W42	Baujahr :	2018
Feuerwehr:	WF GS Caltex, Yeosu		
Fahrgestell:	MAN TGS 41.540 8x4 BB		

Der VW Crafter bei der Feuerwehr

Thorsten Waldmann

Der Crafter der ersten Generation

Leichte Nutzfahrzeuge gehören zum Programm des Herstellers Volkswagen seit dem Jahr 1950, als in Wolfsburg der legendäre Transporter das Licht der Welt erblickte. 1975 – der Transporter wurde mittlerweile in der zweiten Generation gebaut – trat der in der Gewichts- und Volumenklasse höher angesiedelte LT hinzu. Diese Abkürzung stand im damaligen nüchternen VW-Stil schlicht für „Lastentransporter". War der LT der ersten Generation wie seine kleineren Brüder noch ein Frontlenker (also mit Einstieg vor der Vorderachse), so ging man beim 1995, also 20 Jahre später, vorgestellten Nachfolgemodell zur Kurzhauber-Bauart mit Einstieg hinter der Vorderachse über. Von Beginn an wurden alle LT mit wassergekühlten Motoren ausgeliefert, wohingegen beim kleineren VW Transporter zu dieser Zeit noch ausschließlich luftgekühlte Motoren, traditionell im Heck eingebaut, erhältlich waren.

TSF der FF Allerbüttel (Samtgemeinde Isenbüttel), VW Crafter 50, Meinicke, Baujahr 2009. Meinicke verwendete zum Bau dieses TSF einen großen Kofferaufbau mit fünf Geräteräumen.

Im Jahr 2006 stellte VW das neue Modell Crafter als Nachfolger des in zwei Generationen über 30 Jahre lang produzierten LT vor. Der neue Crafter war in einer Kooperation mit Mercedes-Benz entwickelt worden und bis auf einige Details und die herstellerspezifischen Motoren mit dem ebenfalls neuen Sprinter des süddeutschen Herstellers identisch. Dementsprechend wurde er auch von Beginn an zusammen mit dem Sprinter in den Daimler-Werken in Düsseldorf und Ludwigsfelde gebaut.

Der Crafter der ersten Generation war mit drei unterschiedlichen Radständen (3.250 mm, 3.665 mm und 4.325 mm) sowie mit drei Dachhöhen und vier Laderaumlängen erhältlich. Bei den Karosseriegrundvarianten handelte es sich um den Kastenwagen, den Kombi (beide jeweils auch mit Hochdach bzw. Superhochdach erhältlich) und den Pritschenwagen sowie das Fahrgestell, beide sowohl mit Einzel- als auch mit Doppelkabine. Die Typbezeichnungen folgten dem zulässigen Gesamtgewicht: Crafter 30, Crafter 35 und

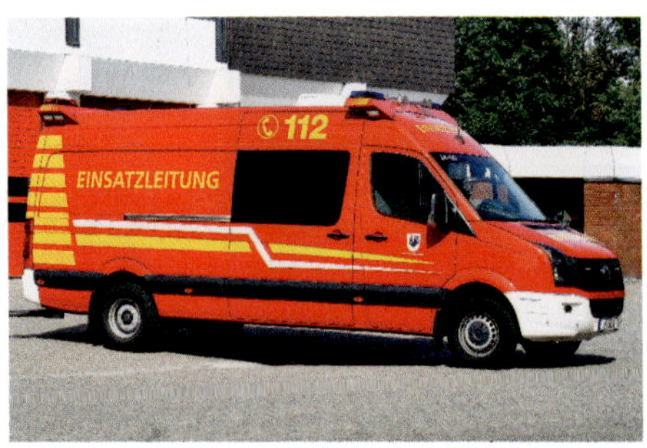

ELW 1 der FF Seelze, VW Crafter 50, Leutert, Baujahr 2014. Gut erkennbar ist die Supersingle-Bereifung an der Hinterachse, die den Einbau kleinerer Radkästen im Laderaum ermöglicht.

Crafter 50 – entsprechend 3.000 kg, 3.500 kg und 5.000 kg zGG. Das zulässige Gesamtgewicht des Crafter 50 mit der erstmals lieferbaren Supersingle-Bereifung anstelle von Zwillingsreifen an der Hinterachse betrug 4.600 kg.

Zu Produktionsbeginn waren vier 2,5-l-Fünfzylinder-Dieselmotoren mit 65 kW, 80 kW, 100 kW und 120 kW (89, 109, 136 und 163 PS) lieferbar. 2010 erfolgte die Umstellung auf Euro-5-Motoren mit identischem Hubraum (2.461 cm³) und unveränderten Motorleistungen. Im Jahr 2012 wurde die Motorenpalette komplett auf 2,0-l-Vierzylinder (1.968 cm³) umgestellt, die Motorleistungen betrugen nun 80 kW, 100 kW, 105 kW und 120 kW (109, 136, 143 und 163 PS). Ottomotoren waren während der ganzen Produktionszeit nicht erhältlich.

MZF (laut Fahrzeugschein: Kommandowagen) der FF Calberlah (Samtgemeinde Isenbüttel), VW Crafter 35, Aluca, Baujahr 2011. Die im Hintergrund sichtbare ICE-Schnellfahrstrecke gehört zum Einsatzgebiet der FF, die daher auch über ein von der Deutschen Bahn beschafftes HLF 24/16-S verfügt.

Als Schaltgetriebe war ein Sechsgang-Getriebe erhältlich, zudem gab es für einige Motorvarianten ein automatisiertes Schaltgetriebe. Ein vollautomatisches Getriebe war dagegen während der gesamten Produktionszeit nicht lieferbar. Antiblockiersystem (ABS) und elektronisches Stabilitätsprogramm (ESP) gehörten in allen Varianten stets zur Serienausstattung.

Die auf manche Betrachter etwas rustikal wirkende Frontgestaltung des VW Crafter, welche an die in Brasilien für den südamerikanischen Markt gefertigten Schwerlast-Lkw der Constellation-Baureihe erinnerte, wich im Rahmen eines Faceliftings im Jahr 2012 einer gefälligeren Gestaltung, bei welcher sich der gesamte Kühlergrill zwischen den Scheinwerfern erstreckte und nicht mehr in die Stoßstange heruntergezogen war. Weitergehende technische Änderungen waren hiermit nicht verbunden.

Der Crafter der ersten Generation bei der Feuerwehr

Bereits Anfang 2006 präsentierte Volkswagen im Rahmen einer Pressevorstellung im Hamburger Hafen die beiden ersten Einsatzfahrzeuge auf der Basis des VW Crafter. Die damalige Firma TDS Invents hatte einen Kombi mit kurzem Radstand zum ELW 1 ausgebaut, und vom belgischen Hersteller Comes stammte ein Gerätewagen nach luxemburgischer Baurichtlinie mit Kofferaufbau. Zu den ersten Feuerwehren, welche Fahrzeuge auf VW-Crafter-Basis erhielten, zählten die FF Herzberg am Harz (ELW 1, Crafter 35/Swing Car), die FF Spaichingen (ELW 1, Crafter 35/Barth) und die FF Braunschweig (MTW mit kleiner Führungsausstattung, Crafter 35/Swing Car). Das erste Löschfahrzeug auf der Basis eines VW Crafter erhielt Anfang 2007 die Werkfeuerwehr des VW-Werkes in Zwickau, es handelte sich um einen Crafter 50 mit einem Aufbau der Firma Meinicke und Druckluftschaumsystem.

Fast alle großen Feuerwehrfahrzeug-Aufbauhersteller haben TSF auf dem VW Crafter der ersten Generation gebaut, aber auch kleinere Aufbauhersteller mit eher regionaler Ausrichtung erstellten in zum Teil beachtlicher Stückzahl Tragkraftspritzenfahrzeuge auf diesem Fahrgestell, es sind unter anderem Aufbauten von ADIK, BTG, Compoint, Furtner + Ammer, Magirus, Meinicke, Heinz Meyer, Rosenbauer, Thoma (Thoma WISS) und Ziegler bekannt. In aller Regel wurden die TSF in der heute üblichen und mittlerweile auch allein noch genormten Kofferbauart erstellt. Es gab in Einzelfällen aber auch TSF in Kastenwagen-Bauform. So lieferte Rosenbauer 2012 an die FF Wrixum auf Föhr ein TSF auf einem VW Crafter 50 Kastenwagen in der hauseigenen CL-Linie. Eine Besonderheit dieses Fahrzeuges ist das Vorhandensein von Sitzplätzen für eine komplette Löschgruppe (1/8).

TSF der Ortsfeuerwehr Hamwiede (FF Walsrode), VW Crafter 50, Heinz Meyer, Baujahr 2010

Außerordentlich selten blieben demgegenüber genormte TSF-W auf der Basis des VW Crafter, obgleich Volkswagen auch diese Möglichkeit regelmäßig in der Werbung darstellte. Eines dieser Fahrzeuge wurde im Jahr 2015 an die FF Prinzenmoor im Kreis Rendsburg-Eckernförde auf einem VW Crafter 50 (2.0 TDI) ausgeliefert. Ziegler (Rendsburg) erstellte den Aufbau des Fahrzeugs, die Aufbauform mit drei Geräteräumen entspricht derjenigen der häufig gelieferten TSF ohne Löschwasserbehälter.

TSF-W der FF Prinzenmoor, VW Crafter 50, Ziegler (Rendsburg), Baujahr 2015. TSF-W auf der Basis des VW Crafter sind – ganz anders als beim Vorgängermodell LT – ausgesprochen selten geblieben.
Foto: Andreas Klingelhöller

ELW 1 der FF Samtgemeinde Flotwedel, VW Crafter 50, GSF, Baujahr 2015. Typischer Vertreter der „großen" ELW 1, wie sie so oder ähnlich in größerer Zahl auch auf Basis des Mercedes-Benz Sprinter an Feuerwehren geliefert worden sind.

In großer Zahl wurden VW Crafter von den Feuerwehren als MTW (häufig in der VW-Werksausstattung) und ELW 1 beschafft. Bei den ELW 1 dominieren die Varianten mit mittellangem Radstand und langem Radstand, jeweils mit Hochdach.

Auch im Bereich der technischen Hilfeleistung hat der Crafter einige Verbreitung gefunden. Insbesondere wurden Ausbauten zu Gerätewagen für die verschiedensten Einsatzzwecke gefertigt. Aus der Vielzahl der Varianten sollen hier einige herausgegriffen werden. Die BF Brandenburg an der Havel stellte einen VW Crafter 35 als Gerätewagen für allgemeine technische Hilfeleistung in Dienst. Als Tierrettungswagen dient ein

MTW der BF Magdeburg, VW Crafter 35, Werksausbau, Baujahr 2011. Die Verwendung von Fahrgestellen mit kurzen Radständen für MTW ist eher ungewöhnlich.

GW-Kanal der WF Industriepark Brunsbüttel, VW Crafter 35, Eigenausbau, Baujahr 2007. Das Fahrzeug ist unter anderem mit Dichtkissen und Folien beladen. Foto: Andreas Klingelhöller

GW-L1 der FF Bad Saarow, VW Crafter 50, Spier/Eigenumbau, Baujahr 2011, Umbau zum Feuerwehrfahrzeug 2015

VW Crafter 35 der FF Wernigerode. Die Fernmeldeeinheit der Feuerwehr Göttingen nutzt einen umfangreich ausgestatteten GW-IuK auf einem VW Crafter 50. Und die BF Braunschweig setzt einen VW Crafter 35 als Werkstattwagen für die Kfz-Werkstatt ein.

Eine Besonderheit stellt der Gerätewagen Technische Hilfeleistung (GW-TH) der Ortsfeuerwehr Dedensen der FF Seelze dar (Bild unten). Die Feuerwehr suchte gezielt nach einem

GW-TH der Ortsfeuerwehr Dedensen (FF Seelze), VW Crafter 50, ADIK, Baujahr 2015

TSF-W der FF Obertürken, VW Crafter 50 mit Fahrgestellumbauten von Achleitner und Dothe, Walser, Baujahr 2015. Der aufwendige Fahrgestellumbau ermöglicht die Erhöhung des zulässigen Gesamtgewichts auf 7.490 kg. Foto: Jochen Thorns

Fahrzeug, welches sie bei den nicht seltenen Verkehrsunfällen auf der Bundesautobahn A2 problemlos auch in Baustellenbereichen einsetzen kann und welches daher kompakte Abmessungen aufweisen sollte. Der 2016 gebaute GW-TH auf VW Crafter 35 mit Staffelkabine erhielt einen Aufbau von ADIK. Die umfangreiche Beladung des Fahrzeuges umfasst unter anderem ein hydraulisches Schneidgerät Weber RS 165-65, einen hydraulischen Spreizer Weber SP 40, zwei Weber-Hebekissen, Stromerzeuger Endress 1304 DBG/S ES (13 kVA), Trennschleifer, Spineboard, Türöffnungssatz, Hydrofix-Kleinlöschgerät, zwei Pressluftatmer und einen Kärcher-Industriesauger. Eine elektrisch betriebene 2,5-Tonnen-Seilwinde vom Typ Rotfuchs EWR 13000 und ein Lichtmast mit vier LED-Scheinwerfern ergänzen die Ausstattung.

Im Rettungsdienst der Feuerwehren fand der Crafter der ersten Generation dagegen so gut wie keine Verbreitung. Der Hauptgrund dürfte in der fehlenden Lieferbarkeit eines Automatikgetriebes zu finden sein, denn diese haben sich aus guten Gründen im Rettungsdienst zumindest in Großstädten und städtischen Ballungsräumen auf breiter Front durchgesetzt, handgeschaltete Fahrzeuge dürften hier mittlerweile die absolute Ausnahme darstellen. Lediglich die Berufsfeuerwehr Wolfsburg hat im Laufe der Jahre eine größere Anzahl RTW auf VW Crafter – alle mit Aufbau von System Strobel – beschafft. Der Baby-Intensivtransportwagen der BF Wolfsburg basiert dagegen, ebenso wie die dort zuletzt beschafften ELW 1 und das KLAF, auf einem Mercedes-Benz Sprinter.

Eine Besonderheit stellen die VW Crafter dar, die als Dreiachser bei deutschen Feuerwehren in Dienst gestellt wurden. Zur Erhöhung der Nutzlast auf 7,49 t wurden gegen Ende der Produktionszeit des Crafter der ersten Generation auch Fahrzeuge mit einer dritten Achse geliefert. Ein solcher Dreiachser (Bild oben) dient der FF Obertürken im Landkreis Rottal-Inn als TSF-W. Walser baute das Fahrzeug auf einem VW Crafter 50 mit Achleitner-Vierradantrieb auf; die dritte Achse ist nicht angetrieben und nicht lenkbar. Eine weitere Beson-

TSF-W/L der Löschgruppe Bruchhausen (FF Höxter), VW Crafter 50 mit Fahrgestellumbauten von Achleitner und Dothe, Heinz Meyer, Baujahr 2015. Das Fahrzeug ist mit einem 800-Liter-Löschwasserbehälter ausgestattet.

derheit ist die beim TSF-W ungenormte Gruppenkabine (1/8). Weitere Merkmale des Fahrzeuges sind ein 600-l-Löschwasserbehälter, ein Lift für die Tragkraftspritze, Lichtmast, Leuchtballon, 6-kVA-Stromerzeuger, Motorkettensäge und Tauchpumpe.

Volkswagen stellte auf der Interschutz 2015 ein TSF-W/L (Logistik) auf einem Crafter-Dreiachser mit Aufbau von Heinz Meyer vor. Dieses Fahrzeug erwarb anschließend die Stadt Höxter für ihre Löschgruppe Bruchhausen. Die fahrgestellseitigen Merkmale sind mit denjenigen des Fahrzeuges der FF Obertürken identisch. Ansonsten unterscheiden sich die Fahrzeuge erheblich. Die Staffel findet in der serienmäßigen Doppelkabine Platz. Die Normbeladung des TSF-W ist im wesentlichen in den Geräteräumen G1 und G2 gelagert. Der rückwärtige Geräteraum ist durch eine Ladebordwand mit 1.000 kg Traglast (MBB C 1000 L) verschlossen. Im Heck werden zwei Rollcontainer mitgeführt – einer mit Tragkraftspritze samt Zubehör, ein weiterer variabel nach Bedarf. Links und rechts an den Innenwänden des Aufbaus sind je 16 B-Druckschläuche zusammengekuppelt verlastet und können während der Fahrt verlegt werden. Zusätzlich verfügt das TSF-W/L auf der rechten Fahrzeugseite über eine Schnellangriffseinrichtung mit einem D-Faltschlauch, die über eine kleine „untypische“ Pumpe betrieben wird. Ein LED-Lichtmast ergänzt die Ausstattung des Fahrzeuges.

Der Crafter der zweiten Generation

Im Jahr 2016 stellte VW das aktuelle Modell des VW Crafter vor. Das völlig neu entwickelte Fahrzeug entstand im Gegensatz zum Vorgängermodell in einer Kooperation mit dem

ELW 1 der FF Samtgemeinde Baddeckenstedt, Standort Ortsfeuerwehr Sehlde, VW Crafter 35, Aluca, Baujahr 2018

Lkw-Hersteller MAN (MAN vertreibt weitgehend baugleiche Fahrzeuge unter dem Modellnamen TGE). Der neue Crafter wird in einem eigens hierfür gebauten Werk im polnischen Wrzesnia gefertigt. Die ersten Kundenfahrzeuge wurden im März 2017 regulär ausgeliefert, darauf beruht auch die gängige, wenngleich nicht offiziell verwendete Bezeichnung „Crafter 2017".

Der Volkswagen Crafter der zweiten Generation ist bisher mit zwei verschiedenen Radständen (3.640 mm und 4.490 mm, diese werden werkseitig als „mittellang" und „lang" bezeichnet) sowie beim Kastenwagen mit drei Fahrzeuglängen und drei unterschiedlichen Dachhöhen (Normaldach, Hochdach und Superhochdach) erhältlich. Die derzeit lieferbaren Grundvarianten sind Crafter Kastenwagen, Crafter Pritschenwagen, Crafter Fahrgestell, Crafter Kipper und Crafter Koffer. Fahrgestell und Pritschenwagen sind jeweils mit Einzelkabine und mit Doppelkabine lieferbar. Je nach zulässigem Gesamtgewicht lauten die Typbezeichnungen wie bisher Crafter 30, Crafter 35 und Crafter 50, auch wenn diese Bezeichnungen nicht bei allen Varianten außen am Fahrzeug angeschrieben sind.

Als Motorisierung ist ein 2,0-l-Dieselmotor (TDI) in den vier Leistungsstufen 75 kW, 90 kW, 103 kW und 130 kW (102 PS, 122 PS, 140 PS, 177 PS) erhältlich, wobei es sich selbstverständlich ausschließlich um Euro-6-Motoren handelt. Es sind jetzt ab Werk drei Antriebsvarianten lieferbar: Frontantrieb, Heckantrieb und Allradantrieb (VW-Bezeichnung: 4Motion). Außer dem Sechsgang-Schaltgetriebe ist jetzt zudem ein Automatikgetriebe (DSG) mit acht Fahrstufen erhältlich.

ELW 1 der Ortsfeuerwehr Liebenburg (FF Liebenburg), VW Crafter 35, Bösenberg, Baujahr 2018

Der Crafter der zweiten Generation bei der Feuerwehr

Bereits kurz nach der Vorstellung des neuen Crafter präsentierte VW auf der Rettmobil 2017 einen ELW 1 mit mittellangem Radstand und Hochdach und Ausbau von Bösenberg. WAS, Ambulanz Mobile und System Strobel stellten jeweils RTW auf der Basis des neuen Crafter aus. Die ersten Crafter der zweiten Generation sind auch schon an Feuerwehren ausgeliefert worden. Die Freiwilligen Feuerwehren Liebenburg und Othfresen im Landkreis Goslar erhielten im Frühjahr 2018 je einen ELW 1 mit Ausbau von Bösenberg (Bild oben, das Fahrzeug der FF Othfresen wird im Neuheitenteil gezeigt). Die beiden nahezu baugleichen Fahrzeuge wurden gemeinsam beschafft und basieren auf dem VW Crafter 35 (aufgelastet auf 3,88 t zGG) mit mittellangem Radstand und 170-PS-Motor. Sie verfügen über fest eingebaute und mobile Digitalfunkgeräte (5x HRT, 4x MRT), PC mit Drucker und Vier-Gas-Messgeräte. Ebenfalls ein ELW 1 wurde Anfang 2018 an die Samtgemeinde Baddeckenstedt in Niedersachsen übergeben, die ihn bei der Ortsfeuerwehr Sehlde stationierte (siehe vorhergehende Seite). Auch dieses Fahrzeug ist ein auf 3,88 t zGG aufgelasteter VW Crafter 35 mit mittellangem Radstand und 170-PS-Motor, den Ausbau dieses Fahrzeuges erstellte Aluca in Braunschweig. Eine Besonderheit ist die Verlastung von Material für eine Atemschutzsammelstelle – der ELW dient in Zweitfunktion auch als Führungsfahrzeug für die Gefahrguteinheit der Samtgemeindefeuerwehr.

Auch als Mannschaftstransportwagen bietet sich der VW Crafter natürlich weiterhin an. An die FF Preetz (Landkreis Vorpommern-Rügen) wurde bereits Ende 2017 ein MTW auf

Crafter 35 in der Ausführung als Doppelkabine mit Pritsche/Plane-Aufbau ausgeliefert. Damit dürfte es sich zugleich um eines der ersten an eine Feuerwehr übergebenen Fahrzeuge auf dem Crafter der zweiten Generation handeln.

Für die Berufsfeuerwehr Wismar baute CarPhone 2018 einen GW-Tierrettung auf einem VW Crafter 35 mit mittellangem Radstand aus. Und an die FF Winterberg im Hochsauerlandkreis lieferte Binz ebenfalls im Jahr 2018 einen GW-Mess auf VW Crafter 35 mit dem 4Motion-Allradantrieb (dieses Fahrzeug ist ebenfalls im Neuheitenteil abgebildet).

Auch ein interessantes Sonderfahrzeug auf der Basis des neuen Crafter existiert bereits: Als Vorführfahrzeug für die Firma Leader baute Brandschutztechnik Müller aus Zierenberg im Jahr 2018 einen GW-Großlüfter auf einem VW Crafter 35 auf (Bild unten). Als mobiler Großventilator kommt ein Leader Easy 4000 zur Verwendung. Das Fahrzeug wurde beim Landesfeuerwehrtag Baden-Württemberg 2018 präsentiert; es ist nach Herstellerangaben auch mit einer Doppelkabine darstellbar.

GW-Großlüfter, Vorführfahrzeug Fa. Leader, VW Crafter 35, Brandschutztechnik Müller/Leader, Baujahr 2018
Foto: Jochen Thorns

Richard Bierstedt & Sohn – ein lokaler Hersteller von LF 8

Jochen Thorns

Nach dem Zweiten Weltkrieg mussten sich die Feuerwehren in Deutschland neu organisieren: Das Feuerlöschwesen war fortan wieder eine rein kommunale Angelegenheit und die Einsatzfahrzeuge waren – sofern überhaupt welche zur Verfügung standen – oftmals in einem schlechten und kaum einsatzfähigen Zustand. Zu stark hatten die Löschfahrzeuge bei den Einsätzen infolge der Bombardierungen im Zweiten Weltkrieg gelitten, waren anschließend in manchen Fällen geplündert oder auch gestohlen worden und hatten infolge der Mangelwirtschaft der letzten Kriegsjahre schlicht eine mangelhafte Qualität, schließlich war häufig der feuerwehrtechnische Aufbau aus einem Holzgerippe nicht mehr mit Blech, sondern nur noch mit Press- und Holzfaserplatten verkleidet worden.

Die Berufsfeuerwehren und die großen Freiwilligen Feuerwehren in den Städten konnten vergleichsweise schnell wieder die Einsatzbereitschaft der Fahrzeuge herstellen. Dies lag auch daran, dass die nach der Währungsreform 1948 wiedererstarkenden Hersteller von Feuerwehrfahrzeugen in Deutschland bis zum Jahr 1956 rund 3.000 Neufahrzeuge aller Typen auslieferten [1]. Die Lage bei den Freiwilligen Feuerwehren auf dem Lande sah jedoch gänzlich anders aus, vor allem in Niedersachsen: In dem nach dem Zweiten Weltkrieg neu gegründeten Bundesland existierten 1946 genau 4.237 Gemeinden; 3.772 (89 Prozent!) von diesen hatten seinerzeit weniger als 1.000 Einwohner [2]. Entsprechend schwach war üblicherweise die Finanzkraft dieser Landgemeinden, um neue Feuerwehrfahrzeuge anschaffen zu können. So bestand die Motorisierung der Freiwilligen Feuerwehren in den niedersächsischen Gemeinden oftmals nur aus einem Tragkraftspritzenanhänger, der mit einem Traktor oder – in wenigen Fällen – mit einem für Feuerwehrzwecke umgebauten Kraftfahrzeug (oft ein umgebauter Pkw aus den 1930er-Jahren) gezogen wurde.

Vor allem nach der Währungsreform setzte die bereits erwähnte Fertigung von neuen Feuerwehrfahrzeugen in Deutschland wieder ein. Der Schwerpunkt des Bedarfs hätte theoretisch in der Beschaffung von kleinen, leichten Lösch(gruppen)fahrzeugen liegen müssen, um die Freiwilligen Feuerwehren in der Bundesrepublik motorisieren und so die Tragkraftspritzenanhänger abschaffen zu können. Darüber hinaus schien in den Städten ein Mangel an Löschgruppenfahrzeugen LF 15 zu bestehen, da diese Fahrzeugtype im Zweiten Weltkrieg ausschließlich in die Schwerpunktgebiete des Luftschutzes geliefert worden sind, wozu auch die Luftschutzorte 1. und 2. Ordnung zählten. Der Schwerpunkt der Neubeschaffun-

[1] Brunswig, H.: Feuerwehrfahrzeuge – Tatsachen, Zahlen und Erfahrungen aus der Betriebspraxis, Brandschutz 3/1958; S. 52.
[2] Landesamt für Statistik Niedersachsen: Statistische Monatshefte 12/2011, S. 703.

gen lag tatsächlich jedoch bei Tanklöschfahrzeugen, die vor allem an größere Feuerwehren geliefert worden sind und bei einzelnen Herstellern bis zu 90 Prozent der Löschfahrzeug-Fertigung beanspruchte. Mehr als die Hälfte dieser Produktion ging zudem an Feuerwehren, die mindestens ein weiteres Löschfahrzeug bereits ihr Eigen nennen konnten, und aufgrund der gemachten Kriegserfahrungen mehr Löschwasser für den ersten Löschangriff mitführen wollten [3]. Diese Tendenz wiederum führte in Niedersachsen zu einer weiteren besonderen Entwicklung bei der Fahrzeugbeschaffung. Der damalige Landesbranddirektor Fritz Heimberg befürchtete, dass die in Celle entwickelte Einsatztaktik „Dreiteilung des Löschangriffs" für den Einsatz einer Löschgruppe mit den für eine Staffelbesatzung ausgestatteten Tanklöschfahrzeugen unterlaufen werden könnte. Daher verfügte er Mitte der 1950er-Jahre, dass in Niedersachsen nur Tanklöschfahrzeuge mit Truppbesatzung beschafft werden dürfen, wenn diese vom Land mit einem Zuschuss aus den Mitteln der Feuerschutzsteuer gefördert werden sollen (erst 1961 wurden die „Niedersachsen-TLF" in die Norm aufgenommen). So sollten die Gemeinden gezwungen werden, zusätzlich zum Tanklöschfahrzeug auch ein Löschgruppenfahrzeug LF 8 für ihre Freiwillige Feuerwehr zu beschaffen [4]. Allerdings verlief die Indienststellung von kleinen, leichten Fahrzeugen mit einer Gruppenbesatzung (namentlich LF 8) nur zögerlich, da zunächst keine geeigneten Fahrgestelle zur Verfügung standen. Dies änderte sich erst merklich gegen Mitte der 1950er-Jahre, nachdem Opel 1952 seinen „Blitz" in der 1,75-Tonnen-Version vorgestellt hatte [5].
Ebenfalls einen positiven Einfluss auf die Neubeschaffung von Feuerwehrfahrzeugen hatte die wieder auflebende Normung: Bereits Anfang November 1952 hatte der Arbeitsausschuss 3 des Fachnormenausschusses Feuerlöschwesen (FNFW) eine Typenreihe mit neun Löschfahrzeug-Typen erstellt, darunter auch das LF 8-TS 8 als Löschfahrzeug mit Gruppenbesatzung, mit eingebauter Pumpe 800 l/min und eingeschobener Tragkraftspritze TS 8. Drei Jahre später, im September 1955, gab der FNFW die DIN 14530 „Löschfahrzeuge – Allgemeine Richtlinien" als Vornorm heraus. Dazu gab es zehn Beiblätter als „Baurichtlinien für Löschfahrzeuge". In Heft 2 war das „LF 8-TS" normiert [6].
Diese Entwicklungen führten in den 1950er-Jahren zu einem Aufschwung der deutschen Feuerwehrfahrzeug-Industrie. Diverse neue Anbieter traten in den Markt ein. Manche sind bis heute aktiv, andere Unternehmen gibt es schon lange nicht mehr – und manche Firma hatte zwar ein gutes Produkt, fand aber letztlich nur auf regionaler Ebene Verbreitung. Dazu gehörte auch das Unternehmen „Richard Bierstedt & Sohn – Karosserie- und Fahrzeugbau" in Thedinghausen.
Thedinghausen liegt in der Wesermarsch rund 20 Kilometer südöstlich von Bremen und gehört heute zum niedersächsischen Landkreis Verden. Bis zur Gebietsreform in Niedersachsen 1972 gehörte die Gemeinde als Exklave zum Landkreis Braunschweig – der rund 150 Ki-

[3] Brunswig, H.: Feuerwehrfahrzeuge, Brücke-Verlag Kurt Schmersow, Hannover, 1957, S. 14 f.
[4] Gerlach, C.-W.: Feuerwehrtechnik – geschichtliche Entwicklung. In: 125 Jahre Landesfeuerwehrverband Niedersachsen, Chronik, Hrsg. LFV Niedersachsen, 1993, S. 618 f.
[5] Gihl, M.: Geschichte des deutschen Feuerwehrfahrzeugbaus, Band 2, W. Kohlhammer GmbH, 2000, S. 33 ff.
[6] Gihl, M., a.a.O., S. 40 ff.

lometer weiter südöstlich liegt. Herausragend ist in Thedinghausen ein 1620 im Stil der Weserrenaissance errichteter Herrensitz. Die landwirtschaftlich geprägte, rund 65,77 Quadratkilometer große Gemeinde an der Weser hatte 1970 etwa 3.100 Einwohner. Heute gehört der Ort zur Samtgemeinde Thedinghausen mit rund 15.000 Einwohnern.

Die Geschichte der Firma „Richard Bierstedt & Sohn – Karosserie- und Fahrzeugbau“ geht auf das Jahr 1895 zurück, in dem der Stellmachermeister Adolf Bierstedt (7. Oktober 1874 bis 1939) seinen Stellmacher- und Wagenbaubetrieb in Thedinghausen gründete. Adolf Bierstedt war mit Marie Bierstedt, geb. Tebelmann (1876 bis 2. März 1945) verheiratet. Aus der Ehe ging Richard Bierstedt (18. September 1899 bis 17. November 1969; voller Name: Heinrich Friedrich Richard Adolf) hervor, welcher der eigentliche Gründer der Firma ist [7].

Richard Bierstedt besuchte zunächst ab dem sechsten Lebensjahr die Grundschule in Thedinghausen, ehe er im April 1914 bei seinem Vater in die Lehre als Karosserie- und Fahrzeugbauer eintrat. Nach Abschluss der Lehrzeit trat Richard Bierstedt 1917 in das Reichsheer ein und nahm am Ersten Weltkrieg teil. Nach seiner Entlassung aus dem Militärdienst 1919 war er bis 1921 wieder im väterlichen Betrieb tätig und fertigte vor allem die Innenausstattung von Fahrzeugen an, womit es sich größtenteils um Kutschen gehandelt haben dürfte [8].

Ab 1921 bildete sich Richard Bierstedt umfassend fort. So besuchte er von 1921 bis zum 18. März 1922 die Staatliche Wagenbauschule in Hamburg. Ein Vierteljahr später reiste Bierstedt zu Studienzwecken in die USA. Hierzu schiffte sich der ledige 22-Jährige am 19. Juni 1922 in Bremen auf dem Schiff „Seydlitz“ des Norddeutschen Lloyds für die Fahrt nach New York in der dritten Klasse ein. In der Passagierliste wird Bierstedt als Techniker mit der Passagiernummer 11 und dem Ziel Cincinnati/Ohio geführt [9]. In den USA ließ sich Richard Bierstedt in Privatkursen im Gebäude-Hochbau sowie in der Innenausstattungsgestaltung ausbilden. Er war eigenen Angaben zufolge [8] führend als Konstrukteur und Innenausstatter bei den Firmen „Lobnitz Company“ und „Robert Mitchell Furniture Company“, beide in Cincinnati/Ohio, tätig. Ob er beim für damalige Zeiten bekannten, 1836 gegründeten Möbelunternehmen „Robert Mitchell“ mit rund 600 Mitarbeitern wirklich führend tätig gewesen war, muss jedoch bezweifelt werden [10]. Diese Stellen soll er angenommen haben, da ihm die Art des Automobilbaus in den USA nicht gefallen habe.

Parallel zu seinen Studienzwecken in den USA erwarb Richard Bierstedt, vertreten durch seinen Vater Adolf, am 6. Dezember 1922 in seiner Heimatgemeinde Thedinghausen das im Brandkataster unter der Nummer 57 eingetragene knapp 4.000 Quadratmeter große Anwesen in der Braunschweiger Straße 26. Das Anwesen hat eine lange Geschichte: Ver-

[7] Daten auf dem Grabstein des Kirchlichen Friedhofes Thedinghausen in Verbindung mit Angaben des Samtgemeindearchivs Thedinghausen.

[8] Diese und die folgenden Angaben im Artikel beziehen sich vor allem auf Primärquellen im Samtgemeindearchiv Thedinghausen.

[9] Bremen Passenger Lists, Die Maus – Gesellschaft für Familienforschung e.V., Bremen, http://die-maus-bremen.de; Abruf am 31. Januar 2018.

[10] Zusammenfassung der Firmengeschichte unter www.magazine-advertisements.com/robert-mitchell-furniture-company.html, Abruf am 18. Juli 2018.

mutlich um 1890 wurde das Geschäftshaus an der Straße erbaut; das gesamte Anwesen war zuvor ein sogenannter Handkothof, dessen Geschichte bis in die Zeit vor dem Dreißigjährigen Krieg zurückreicht. Allerdings wurde dort kaum Landwirtschaft betrieben. Vielmehr waren aufgrund der Lage mitten im Ort kleine Handwerker und Kaufleute ansässig. Ab dem Ende des 19. Jahrhunderts gab es in dem Anwesen mehrere Wechsel: Zunächst erwarb 1889 Josef Hahn das Anwesen, der mit Henriette Ballin, einer Verwandten des bekannten Hamburger Reeders Albert Ballin, verheiratet war. Er betrieb ein Ladengeschäft und eine Färberei. Ab 1904 war das Gebäude im Besitz der Kaufmannsfamilie Beuße, die es später an den Kaufmann Krohne verpachtete, ehe es in den Besitz der Familie Bierstedt gelangte.

Adolf Bierstedt hatte seine Stellmacherei zuvor im Haus Nr. 111 in Thedinghausen unter sehr beengten Verhältnissen betrieben und konnte mit den in den USA verdienten Dollars seines Sohns Richard den Betrieb vergrößern. Ein Jahr später ließen die Bierstedts auf dem neuen Grundstück eine Stellmacherei im norddeutschen Backsteinstil errichten, die aus einer Schmiede, einem Wagenbau und einer Lackiererei bestand. Das Büro und später ein Laden für Farben und Lacke waren im Wohnhaus direkt an der Straße eingerichtet, in welchem die Familie auch wohnte [11].

Auf Bitten des damals 51 Jahre alten Vaters kehrte Richard Bierstedt 1925 nach Thedinghausen zurück und gründete – durch Umwandlung der väterlichen Stellmacherei – seinen eigenen Stellmacher- sowie Karosserie- und Fahrzeugbaubetrieb. Somit gilt das Jahr 1925 als Gründungsjahr des Unternehmens „Richard Bierstedt & Sohn – Karosserie- und Fahrzeugbau“. Bierstedt erweiterte den Betrieb 1929 um einen größeren Werkstattanbau an die vorhandene Stellmacherei. Kutschen stellte das Unternehmen jedoch nur vereinzelt her; stattdessen setzte Bierstedt gezielt auf die modernen Kraftfahrzeuge.

Auch privat fand Richard Bierstedt in Thedinghausen sein Glück. Er heiratete die am 17. September 1908 geborene Adele Lammers [12]. Aus der Ehe ging Heinrich-Adolf Bierstedt als einziger Sohn hervor.

Im Zweiten Weltkrieg war das Unternehmen in den Jahren 1940 bis 1945 als Rüstungsbetrieb für den Neuaufbau bzw. die Reparatur von durch die Kampfhandlungen beschädigten Fahrzeugen tätig. Ab dem Kriegsende bis 1946/47 war der Betrieb teilweise von den britischen Streitkräften besetzt und stand unter deren Kontrolle. Ab 1947 konzentrierte sich Richard Bierstedt auf die Erstellung von ingenieurmäßigen Fahrzeugaufbauten, den Karosserie- und Wohnwagenbau. Ende der 1940er- und Anfang der 1950er-Jahre lautete der Briefkopf „Richard Bierstedt – Karosserie- und Wohnwagenbau – Wohnwagen-Einrichtungsgegenstände aller Arten“. Am 23. Februar 1950 beantragte Richard Bierstedt bei der Gemeindeverwaltung die Genehmigung „zwecks Ergänzung meines Karosserie-, Wohnwagenbau- und Lackierbetriebes […] zur Errichtung eines Einzelhandelsgeschäftes in meinem

[11] Gespräch mit Herrn Alfred Bargmann aus Thedinghausen als letztem Auszubildenden der Firma am 25. Juli 2018.

[12] Wie Anm. 7.

eigenen Ladenraum“ [13]. Bierstedt wollte zusätzlich zu seinem Betrieb mit Ausstattungsgegenständen für das gesamte Fahrzeugwesen, Automobillacken sowie chemischen und technischen Artikeln für Nutzfahrzeuge handeln.

Wann genau und aus welchen Grund der Bau von Feuerwehrfahrzeugen aufgenommen wurde, ist unklar. Vermutlich dürfte dies mit dem allgemeinen Bedarf an Löschfahrzeugen bei den Freiwilligen Feuerwehren in Niedersachsen einerseits und der sich abzeichnenden Veröffentlichung der DIN 14530 „Löschfahrzeuge – Allgemeine Richtlinien“ im Jahr 1955 andererseits zusammenhängen. Fakt ist, dass Richard Bierstedt an der Fachausstellung „Der Rote Hahn“ weder in Celle im Jahr 1951 noch 1953 in Essen als Aussteller teilnahm [14], jedoch – zumindest nach der Aufnahme des Feuerlöschfahrzeugbaus – durchaus direkte Kontakte in das niedersächsische Innenministerium und zur Landesfeuerwehrschule Celle hatte [15].

Die ersten Feuerwehrfahrzeuge aus der Produktion von Richard Bierstedt sind im Jahr 1955 belegt, was allerdings nicht bedeutet, dass die Firma zuvor keine Feuerwehrfahrzeuge aufgebaut haben könnte. Bei den drei 1955 belegten Fahrzeugen handelte es sich um Löschgruppenfahrzeuge LF 8-TS mit einer Vorbaupumpe FP 8/8 und einer im Heckgeräteraum GR eingeschobenen Tragkraftspritze TS 8/8. Die drei Fahrzeuge waren auf Fahrgestellen des Typs Opel Blitz 1,75 t aufgebaut gewesen und gingen an die Freiwillige Feuerwehr Loxstedt (Landkreis Cuxhaven), die Freiwillige Feuerwehr Sage (Gemeinde Großenkneten/Landkreis Oldenburg) und an die örtliche Freiwillige Feuerwehr Thedinghausen, die das Fahrzeug mit Baujahr 1955 erst 1956 in Dienst stellte. Es ist bis heute erhalten.

Mit der Baunummer 024 wurde 1956 dieses LF 8 für die FF Hanstedt gebaut, das später (von 1975 bis 1987) bei der FF Iddensen im Einsatz stand. Die Balcke-Vorbaupumpe wurde durch eine Ziegler-FP 8/8 ersetzt.

[13] Wie Anm. 8.

[14] Gerlach, C.-W.: Feuerwehr-Fachausstellungen. In: 125 Jahre Landesfeuerwehrverband Niedersachsen, Chronik, Hrsg. LFV Niedersachsen, 1993, S. 646 ff.

[15] Schreiben der Firma Richard Bierstedt & Sohn an die FF Steinkirchen vom 8. November 1957.

Für die Ortsfeuerwehr Linden der FF Hannover wurde 1963 dieses LF 8 auf Hanomag Markant L gebaut, das über eine Heckpumpe FP 8/8 von Balcke verfügt. Es wurde nach umfassender Restaurierung während der INTERSCHUTZ 2015 der Öffentlichkeit präsentiert.

Besonders bemerkenswert ist, dass Bierstedt die LF 8 auf dem Opel Blitz 1,75 t entgegen der Bestrebungen des niedersächsischen Innenministeriums und den Ausführungen anderer Aufbauhersteller nicht in der kostengünstigen Ausführung mit Heckbeladung aufbaute, die in Niedersachsen damals weit verbreitet war, sondern bei allen belegten LF 8 auf Opel Blitz 1,75 t ausschließlich die aufwendigere, aber für den Einsatz auch geeignetere Aufbauvariante der Seitenbeladung wählte. Die Aufbauten von Bierstedt waren während der gesamten Bauzeit in der damals üblichen Bauart mit einem Stahlgerippe mit äußerer Holz-/Blechbeplankung sowie einem aufwendigen Innenausbau mit lackierten Sperrholzplatten ausgeführt [16].

Heckeinbau der FP 8/8 beim LF 8 der Ortsfeuerwehr Linden

Richard Bierstedt baute vermutlich nur Löschgruppenfahrzeuge LF 8 auf. Hierbei handelte es sich ausschließlich um LF 8-TS, auch wenn zumindest das 1957 gebaute und bis heute erhaltene LF 8 der FF Steinkirchen (Landkreis Stade) in den Firmenunterlagen als LF 8-TSA bezeichnet wurde [17]. Allerdings führt auch dieses Fahrzeug eine Tragkraftspritze im Heck mit.

Als Feuerlöschkreiselpumpen fanden bei Bierstedt mit drei belegten Ausnahmen nur Pumpen des Frankenthaler Herstellers Balcke Verwendung. Das bereits erwähnte LF 8 der FF Steinkirchen erhielt eine Vorbaupumpe des Kölner Herstellers Hoenig, ebenso das 1958 an die FF Brunsbüttelkoog gelieferte Fahrzeug und das bereits 1956 ausgelieferte LF 8 auf Opel Blitz 1,75 t der FF Hanstedt. Ob Bierstedt anfangs Hoenig-Feuerlöschkreiselpumpen nutzte und ab 1957/58 sukzessive zu Balcke wechselte oder ob zu Beginn des Löschfahrzeugbaus beide Fabrikate je nach Kundenwunsch gleichberechtigt zum Einsatz kamen, lässt sich nicht mehr klären.

[16] Wie Anm. 11.
[17] Wie Anm. 15.

Das heute im Feuerwehrmuseum Schleswig-Holstein (Norderstedt) erhaltene LF 8 der FF Brunsbüttelkoog ist insofern bedeutend, dass es vermutlich nicht nur das einzige auf einem Ford-Fahrgestell aufgebaute LF 8 von Bierstedt war, sondern vermutlich auch das einzige Feuerwehrfahrzeug, das von Bierstedt an einen Kunden außerhalb von Niedersachsen verkauft worden war.

In den Anfangsjahren des Feuerlöschfahrzeugbaus bis 1960 verwendete Richard Bierstedt nach der Quellenlage mit der Ausnahme des Ford FK 2500 der FF Brunsbüttelkoog ausschließlich den Opel Blitz 1,75 t für seine Aufbauten. Dieses Fahrgestell war auch bei den anderen Aufbauherstellern weit verbreitet und war damals so etwas wie der Marktführer – und damit das Standardfahrgestell bei den deutschen Feuerwehren.

Mit der Ablösung des 1,75-Tonners durch den weiterentwickelten und für eine Nutzlast von 1,9 Tonnen konzipierten Opel Blitz ab 1960 musste sich Bierstedt nach neuen Fahrgestellen umsehen und den bisherigen Standardaufbau entsprechend anpassen. Fortan spielte der Opel Blitz bei Bierstedt – interessanterweise im Gegensatz zu den Wettbewerbern – nur noch eine untergeordnete Rolle. Bekannt sind so LF-8-Aufbauten auf zwei Borgward B 522 A/O für den Landkreis Wittmund und für die FF Düngstrup (Landkreis Oldenburg), auf zwei Opel Blitz 1,9 t, auf mehreren Hanomag-Fahrgestellen und ab 1965 auch auf drei Mercedes-Benz der Baureihe LF 319. Interessanterweise erhielten die Borgward- und die Mercedes-Benz-Fahrgestelle jeweils Aufbauten mit Heckbeladung anstelle der sonst bei Bierstedt durchgängig verwendeten Aufbauten mit Seitenbeladung.

Das LF 8 auf Opel Blitz 1,75 t der FF Bardowick wurde 1958 mit der Baunummer 041 ausgeliefert.

Besonders interessant sind die LF 8 auf Basis von Fahrgestellen des Hannoveraner Herstellers Hanomag. Bierstedt lieferte zunächst um 1959/1961 mindestens acht LF 8 (die genaue Zahl ist nicht zu ermitteln) auf Hanomag L 28 an die Landeshauptstadt Hannover, welche die Fahrzeuge bei den Freiwilligen Feuerwehren stationierte, um alte Einsatzfahrzeuge aus der Zeit des Zweiten Weltkrieges zu ersetzen. Interessant ist, dass die Balcke-Feuerlöschkreiselpumpe bei den drei zuerst gebauten Fahrzeugen als Vorbaupumpe ausgeführt war und bei den anderen fünf Fahrzeugen als Heckeinbaupumpe. Die Heckeinbaupumpe war am Heck seitlich nach rechts gerückt, um zusätzlich noch eine Tragkraftspritze verlasten zu können. Diese Fahrzeuge waren zudem mit einer fahrbaren B-Schlauchhaspel am Heck und einer zweiteiligen Schiebleiter ausgestattet, um das Einsatzkonzept der Feuerwehr Hannover ergänzen zu können [18].

[18] Ebel, H.: Hanomag – ein Teil hannoverscher Feuerwehr Geschichte, Jahrbuch Feuerwehrfahrzeuge 2002, S. 61 ff., Verlag Podszun Motorbücher, Brilon 2001.

Charakteristisch für Bierstedt-Fahrzeuge sind das tief über die Frontscheibe heruntergezogene Dach und die insgesamt niedrig wirkende Karosserielinie, wie hier beim LF 8 der FF Ladekop (Baujahr 1959, Baunr. 043).

In den Jahren 1963/64 folgten drei weitere Fahrzeuge für die Feuerwehr Hannover, diesmal jedoch auf dem Hanomag Markant L als Nachfolger des Hanomag L 28. Diese Fahrzeuge wiesen ebenfalls eine Balcke-Heckeinbaupumpe, Schiebleiter und fahrbare B-Schlauchhaspel auf. Ein Fahrzeug dieser Baureihe wurde nach dem Verkauf an die FF Lehrte (ehemals Landkreis, nun Region Hannover) im Jahr 1978 zu einem Gerätewagen Wasserrettung umgebaut.

Nach der Auslieferung der Fahrzeuge auf Hanomag Markant L baute Bierstedt seine LF 8 vermutlich nur noch auf Fahrgestellen der Baureihe LF 319 von Mercedes-Benz auf – mit Heckbeladung! Belegt sind ein 1965 gebautes Fahrzeug auf LF 319 für die FF Schwanewede (1983 erfolgte ein Umbau zu einem Einsatzleitwagen) und zwei 1966 gebaute LF 8 für die damals noch selbstständige Gemeinde Eggestedt (heute Teil der Gemeinde Schwanewede) sowie für die FF Worpswede, beide auf LF 406. Zwischen 1966 und 1968 sollen drei solcher LF 8 gebaut worden sein, wobei das letzte überhaupt gebaute Fahrzeug quasi mit der Betriebsaufgabe im Jahr 1968 ausgeliefert worden ist [19].

Insgesamt sind zwischen 1955 und 1966 genau 30 Feuerwehrfahrzeuge, sämtlich LF 8, aus der Produktion von Richard Bierstedt & Sohn belegt, dies hieße durchschnittlich 2,5 Fahrzeuge pro Jahr. Das scheint sehr wenig, sodass es noch diverse weitere Lieferungen an Feuerwehren in Niedersachsen gegeben haben dürfte, die bisher jedoch nicht bekannt sind, zumal eine Liefer- oder Referenzliste bisher nicht ausfindig gemacht werden konnte. Hinzu kommt, dass Bierstedt manche Fahrzeuge vor der Auslieferung für Vorführungen nutzte.

[19] Wie Anm. 11.

Von drei Fahrzeugen sind die Baunummern des Aufbaus bekannt: Bereits 1956 erhielt die FF Hanstedt das LF 8 auf Opel Blitz 1,75 t mit der Baunummer 024. Das 1958 gebaute LF 8 auf Opel Blitz 1,75 t der FF Bardowick (Landkreis Lüneburg) führt die Baunummer 041, das baugleiche, 1959 gebaute LF 8 der FF Ladekop (Landkreis Stade) die Baunummer 043. Die Nummernfolge deutet auf eine reale Nummerierung hin, allerdings ist nicht ausgeschlossen, dass Bierstedt nicht nur Feuerwehrfahrzeuge, sondern auch andere Aufbauten und Aufträge entsprechend in die Zählung aufgenommen hatte. Würden aufgrund der Normanforderungen aber nur Feuerwehrfahrzeuge mit den Baunummern versehen worden sein, fehlen aufgrund der nachgewiesenen Baunummern mindestens 34 Feuerwehrfahrzeuge in der angeführten Tabelle der von Bierstedt ausgelieferten Feuerwehrfahrzeuge. Dies würde bedeuten, dass Bierstedt mindestens 64 Löschfahrzeuge für die Feuerwehren gebaut hätte. Der Autor hält dies – zumindest für die frühen Jahre des Feuerwehrfahrzeugbaus – für realistisch, auch wenn in den letzten drei Jahren wohl nur drei LF 8 ausgeliefert worden sind [20]. Zudem soll Bierstedt in den letzten Betriebsjahren ausschließlich Feuerwehrfahrzeuge neu aufgebaut haben, nicht jedoch allgemeine Lkw-Aufbauten [21].

Wie dem auch sei: Die Firma Richard Bierstedt & Sohn gehörte in den 1950er-Jahren in Niedersachsen zu den großen und durchaus regional bedeutenden Herstellern von Feuerwehrfahrzeugen, zusammen mit den überregional tätigen Firmen Magirus, Bachert, Metz, Schlingmann und Ziegler (wobei dieses Unternehmen genau wie Bierstedt erst mit dem Fahrzeugbau begonnen hatte) sowie den regionalen Anbietern Arve, Graaff und Buschmann. Die Firma wurde ab Mitte der 1950er-Jahre unter der Bezeichnung „Richard Bierstedt & Sohn" geführt. Obwohl 1957 bereits seit mindestens zwei Jahren Feuerwehrfahrzeuge gebaut wurden, erwähnte der Firmenbriefkopf dies noch nicht, sondern nur den „Karosserie- und Fahrzeugbau" sowie die „Sonderabteilungen: Polstermöbel – Lack- und Farbenhandel". In einer Zeitungsannonce 1958 in der Syker Zeitung erfolgte zum Firmennamen dann der Zusatz „Karosserie- und Feuerlöschfahrzeugbau, Sonderabteilung: Polstermöbel in meisterlicher Arbeit sowie Lacke und Farben – Maler-Bedarfsartikel". Der in den 1960er-Jahren verwendete Briefkopf (vorliegend von März 1967) wies einen Karosserie- und Fahrzeugbau aus. Weiter wurde dann ausgeführt: Fabrikation feuerwehrtechnischer und Sonderaufbauten; Sonderabteilungen: Feuerwehrgeräte und Ausrüstungen, Textilien, Möbel, Lack- und Farbenhandel. So wartete Bierstedt 1967 auch die Feuerlöscher in der örtlichen Realschule.

Im April 1968 wurde der Betrieb eingestellt. Zu diesem Zeitpunkt gab es außer den Familienmitgliedern nur noch einen Mitarbeiter und einen Auszubildenden im Betrieb. Richard Bierstedt starb am 17. November 1969 im Alter von 70 Jahren. Sein zuvor im Betrieb tätiger Sohn Heinrich-Adolf Bierstedt ging als Konstrukteur und technischer Kaufmann zu Lkw-Herstellern. Das Firmengrundstück wurde in den 1990er-Jahren verkauft. Heute ist es mit einem Lebensmittelmarkt und Parkplätzen bebaut. Im Bürogebäude an der Braunschweiger Straße befindet sich eine Volksbankfiliale.

[20] Wie Anm. 11.
[21] Wie Anm. 11.

Übersicht über bekannte Feuerwehrfahrzeuge mit Bierstedt-Aufbau

Typ	Fahrgestell	Feuerwehr / Landkreis	Baujahr	Bemerkung
LF 8	Opel Blitz 1,75 t	FF Loxstedt / CUX	1955	ab 1976 Ortsfw. Büttel/Neuenlande
LF 8	Opel Blitz 1,75 t	FF Sage / OL	1955	
LF 8	Opel Blitz 1,75 t	FF Thedinghausen / BS (VER)	1955	1956 in Dienst gestellt
LF 8	Opel Blitz 1,75 t	FF Hanstedt / WL	1956	1975 an FF Iddensen; Baunummer 024
LF 8	Opel Blitz 1,75 t	FF Steinkirchen / STD	1957	
LF 8	Opel Blitz 1,75 t	FF Grünendeich / STD	1957	
LF 8	Opel Blitz 1,75 t	FF Bardowick / LG	1958	Baunummer 041
LF 8	Ford FK 2500	FF Brunsbüttelkoog/HEI	1958	Zulassung: März 1959
LF 8	Opel Blitz 1,75 t	FF Ladekop / STD	1959	Baunummer 043
LF 8	Opel Blitz 1,75 t	FF Ihlowerfehn / AUR	1959	
LF 8	Hanomag L 28	FF Hannover	ca. 1959	
LF 8	Hanomag L 28	FF Hannover	ca. 1959	
LF 8	Hanomag L 28	FF Hannover	ca. 1959	
LF 8	Opel Blitz 1,75 t	FF Assel / STD	1960	
LF 8	Borgward B 522 A/O	Landkreis Wittmund	1960	Stationiert bei Ortsfw. Holtgast der FF Esens
LF 8	Hanomag L 28	FF Hannover	1960	Heckeinbaupumpe
LF 8	Hanomag L 28	FF Hannover	1960	Heckeinbaupumpe
LF 8	Hanomag L 28	FF Hannover	1960	Heckeinbaupumpe
LF 8	Hanomag L 28	FF Hannover	1960	Heckeinbaupumpe
LF 8	Opel Blitz 1,75 t	FF Westertimke (ROW)	1960	
LF 8	Opel Blitz 1,9 t	?	1960	Lieferort unklar, zuletzt Sammler aus RZ
LF 8	Hanomag L 28	FF Hannover	1961	Ortsfw. Wülfel, Heckeinbaupumpe
LF 8	Opel Blitz 1,9 t	FF Schwinge / STD	1961	
LF 8	Hanomag Markant L	FF Hannover	1963	Ortsfw. Linden, Heckeinbaupumpe
LF 8	Hanomag Markant L	FF Hannover	1963	Ortsfw. Stöcken, Heckeinbaupumpe, 1978 Umbau zum GW-W der FF Lehrte
LF 8	Hanomag Markant L	FF Hannover	1964	Heckeinbaupumpe
LF 8	MB LF 319	FF Schwanewede / OHZ	1965	1983 Umbau zum ELW
LF 8	MB LF 406	FF Eggestedt / OHZ	1966	1986 an Ortsfw. Neuenkirchen
LF 8	MB LF 406	FF Worpswede / OHZ	1966	

Besonderer Dank gilt Herrn Klaus-Dieter Schneider (Samtgemeindearchiv Thedinghausen), Herrn Alfred Bargmann (Thedinghausen), Herrn Heiner Arndt (FF Thedinghausen) und Herrn Maik Zutz (FF Steinkirchen) für die Unterstützung. Der Autor freut sich sehr über Ergänzungen und Standorte von Bierstedt-Fahrzeugen unter Mailadresse: jochen.thorns@t-online.de.

Feuerwehrfahrzeuge zur Ölspurbeseitigung in Deutschland

Andreas Klingelhöller

Umgangssprachlich wird der Begriff „Ölspur", d. h. ein dünner Ölfilm ohne eigene Fließfähigkeit, für jedwede Verschmutzung von Verkehrswegen benutzt. Tatsächlich verbergen sich dahinter durchaus heterogene chemische Verbindungen wie Benzin, Diesel- und Heizöl, Motoröl, Hydrauliköl, Bioöl, tierische und pflanzliche Fette oder Farben und Lacke. Diese und noch andere Stoffe haben unterschiedliche physikalische und chemische Eigenschaften, die die Technik und das Verfahren zur Beseitigung und Aufnahme von Verschmutzungen auf Asphalt- und Betonverkehrsflächen bestimmen können.

„Ölspur" – Kennzeichnung des Gefahrenbereiches auf einer Landstraße

Ob, und wenn wie, Ölspuren einen Feuerwehreinsatz zur Schadenbeseitigung bedingen, war, ist und kann in der Gesetz- und Verordnungsumgebung der Rechtsbereiche Abfallwirtschaft, Chemikaliensicherheit, Wasserhaushalt und Naturschutz beschrieben und im konkreten Einzelfall Gegenstand von Diskussionen sein. Grundsätzlich ist der Verursacher einer Verschmutzung von Verkehrswegen für deren Beseitigung verantwortlich. Ob dies dann aber auch geschieht, ist vom Wollen und Können des Verursachers abhängig. Ist weder das eine noch das andere gegeben, liegt die Verantwortung beim Träger der sogenannten Straßenbaulast, d. h. Stadt und Gemeinde, Land oder Bund, da dieser verpflichtet ist, Straßen in einem dem „regelmäßigen Verkehrsbedürfnis genügenden Zustand" zu unterhalten.

Die öffentlichen Feuerwehren werden entweder im Rahmen ihrer gesetzlichen Verpflichtungen zur Hilfeleistung bei Not- oder Unglücksfällen (technische Hilfe) oder aufgrund der ihr von dem jeweiligen Straßenbaulastträger übertragenen Aufgaben tätig, die insbesondere dann die vollständige Gefahrenbeseitigung einschließt. Während der Einsatz infolge einer Beauftragung in der Regel eindeutig und umfassend bis zur Wiederherstellung des ursprünglichen Straßenzustandes ist, konzentriert sich die technische Hilfe zumeist auf die akute Gefahrenbeseitigung durch Sofortmaßnahmen (Absperren, Grobreinigung, Abbinden), während die Wiederherstellung des ursprünglichen Zustandes unter Umständen Spezialgerät erfordert, das nicht zwingend von der Feuerwehr vorgehalten wird. Dann werden

Aufwendiges Verfahren der Feuerwehr beim Einsatz „Ölspur“ – Abstreuen mit Bindemittel. Foto: Feuerwehr Brunsbüttel

in der Regel private Spezialfirmen tätig, denn das im Rahmen einer Gefahrenbeseitigung durch die Feuerwehr angewandte Regelverfahren – das Ausbringen von Ölbindemitteln – verhindert zwar eine Schadstoffausbreitung, ermöglicht aber nicht das Entfernen der Chemikalienreste aus den Poren eines Fahrbahnbelages. Das händische Ausbringen von Bindemitteln kann zudem je nach Umfang der Spur personal- und zeitintensiv sein; etwas spöttisch ist für diese Art von Einsätzen der Begriff des „Stiefelballetts“ kreiert worden. Zudem kann von der jeweiligen Verkehrssituation auch eine Gefahr für die Kräfte ausgehen.

Erstmals Mitte der 1980er-Jahre haben technische Regeln zur Beseitigung von Verschmutzungen auf Verkehrswegen ihren Niederschlag in einer offiziellen Veröffentlichung gefunden („Hinweise zur Beseitigung von Ölspuren auf Verkehrsflächen“, Bekanntmachung des Bundesministeriums des Inneren, 1. April 1985), in der neben der Anwendung von Ölbindemitteln eine Nass-Nachreinigung mit einem Wasser-Reinigungsmittelgemisch empfohlen wird. Mit dem in befassten Kreisen einschlägig bekannten Merkblatt DWA-M 715 („Merkblatt zur Ölschadenbeseitigung auf Verkehrsflächen“) trug Jahre später (2007) die DWA (Deutsche Vereinigung für Wasserwirtschaft, Abwasser und Abfall e.V.) dem Bedürfnis der Praxis Rechnung, den Stand der Technik bei der Abwehr von Gefährdungen durch Ölunfälle sowie zur Reinigung ölverschmutzter Verkehrsflächen zu beschreiben und aufzuzeigen, wie Böden, Grundwasser und Oberflächengewässer vor den Folgen einer Ölverunreinigung zu bewahren sind. (Dieses Merkblatt ist im Jahr 2017 aktualisiert worden.) Beim Nassreinigungsverfahren werden Ölspuren und Extremschmutz umweltschonender, schneller und sicherer entfernt als beim herkömmlichen Verfahren des Bindemittel Auftragens und anschließenden Kehrens, zumal es auch gründlicher ist, da es bis in die kleinsten Kapillaren des Asphalts reicht.

Ein Walzenstreuer hinter einem GW-Öl der BF Koblenz (Mitte 1980er-Jahre)

Für das Ausbringen von Bindemitteln im Rahmen von TH-Erst-Einsätzen wird bei Feuerwehren schon seit vielen Jahren und bis heute vergleichsweise einfache Technik vorgehalten. Eine Aufnahme vom Anfang der 1980er-Jahre (oben) zeigt einen GW-Öl der BF Koblenz

Streueinrichtung in Frontanbau an einem GW-U der FF Ennepetal

Streutechnik, eingeschoben, bei einem GW-Öl der BF Bielefeld

mit einem angehängten einachsigen Walzenstreuer, mit dem die „üblichen" Ölspuren in einem Arbeitsgang abzustreuen waren. Später fanden flexibel einzusetzende und drehzahlregulierte Scheibenstreuer, wie z.B. der häufig beschaffte „ÖlTiger" der Firma Lehner aus Westerstetten in Baden-Württemberg für Streubreiten bis 1,20 m und zum Anbau an Feuerwehrfahrzeugen Verwendung, entweder in Form einer Frontaufhängung (an einem GW-U der FF Ennepetal, 2011, oben) oder ausschiebbar im Kastenaufbau eines GW-Öl (BF Bielefeld, 2014, kleines Bild). Vereinzelt realisieren Feuerwehren auch komplementäre Lösungen, wie an dem mit einer Sondersignalanlage und Funktechnik ausgestatteten Same-Deutz-Fahr-Kleintraktor der FF Grevenbroich (2011, unten) deutlich

Kombination von Scheibenstreuer und Kehrmaschine bei einem Traktor der FF Grevenbroich

wird. Ein heckseitiger Scheibenstreuer ist mit einer an der Front angebauten Kehrmaschine kombiniert. Eine Kleintraktor-Lösung (Kubota), Baujahr 2005, Umbau 2017, hat auch die BF Dresden in ihrem Bestand, wobei in begrenztem Umfang mit diesem Traktor auch das Nassreinigungsverfahren praktiziert werden kann.

Im Jahr 1988 hat die BF Wuppertal als erste kommunale Feuerwehr ein Sonderfahrzeug zur Beseitigung von Verkehrsflächenverunreinigungen im Nassreinigungsverfahren beschafft. Seitdem sind in dieser Fahrzeugkategorie von öffentlichen und privaten Feuerwehren, insbesondere auch bei Flughafenfeuerwehren, 31 solcher Spezialfahrzeuge beschafft worden, von denen im Jahr 2018 rund 20 Fahrzeuge im Einsatz sind. Beim Nassreinigungsverfahren wird Wasser oder ein Wasser-Lösungsmittel-(Tensid)-Gemisch, ggf. auch temperiert, mit Hoch- oder Niederdruck, bei unterschiedlichen Fahrgeschwindigkeiten, auf die zu reinigende Fläche ausgebracht und im zweiten Arbeitsschritt mit Unterdruck vom Fahrzeug wieder aufgenommen. Einzelne Feuerwehren in Deutschland, vornehmlich in Niedersachsen (zwei Feuerwehren), Nordrhein-Westfalen (vier Feuerwehren), Hessen (sechs Feuerwehren), Rheinland-Pfalz (zwei Feuerwehren) sowie Baden-Württemberg (drei Feuerwehren) und fünf Feuerwehren in weiteren Bundesländern haben sich zumindest zeitweise auf die konkrete Lage in ihrem Zuständigkeitsgebiet durch Beschaffungen von speziellen Fahrzeugen eingestellt.

Erstes Sonderfahrzeug für die Nassreinigung bei einer deutschen Feuerwehr (BF Wuppertal 1988)

Mit dem so bezeichneten „ÖWSF“ (Ölspur-Wasch-Saugfahrzeug, Bild rechts), andere seitdem übliche Bezeichnungen für solche im übrigen nicht genormten Fahrzeuge sind ÖSF, ÖSBF, USF, ULF und GW-ÖSB, trug die BF Wuppertal der gereiften Erkenntnis Rechnung, dass das Abstreuen längerer Ölspuren, ursprünglich auch mit einem Sand-/Sägemehlgemisch, aus Sicht des Umweltschutzes und der Verkehrssicherheit nicht zu verantworten war. Fahrzeuge der Kategorie ÖWSF und ähnliche waren und sind keine Standardfahrzeuge der einschlägigen Aufbauhersteller, sondern Einzelfertigungen oder Adaptionen aus dem Zivilbereich. So war man 1988 gezwungen, erstmals ein ÖWSF für den Einsatz durch die Feuerwehr zu entwickeln. Partner war die zu dieser Zeit in der Produktion von Straßen- und Großkehrmaschinen tätige Firma Schörling GmbH in Hannover (die Firma wurde 1994 durch die Schweizer Bucher Municipal AG – Hersteller von Kommunalfahrzeugen – übernommen). Eine Standard-Kehrmaschine aus dem Schörling-Programm wurde mit einer Hochdruckwaschanlage ausgestattet. Anstelle der Kehraggregate erhielt das Fahrzeug an der Front und zwischen den beiden Achsen V-förmige Waschbalken. Es war ein Arbeitsdruck von 40 bar möglich. Vergleichbare Schörling-Fahrzeuge erhielten später auch die Feuerwehren Hanau (1990) und Aalen (1993).

Drehbürsten kennzeichnen das Ölspurfahrzeug von Scarab der BF Darmstadt (1997).
Foto: U. Bunzel

Einige Jahre später beschafften die Berufsfeuerwehren Mannheim (1996) und Darmstadt (1997, Bild links) Ölspur-Fahrzeuge der englischen Firma Scarab, entwickelt aus einer Scarab-Minor-Hydrostatic-Kehrmaschine. Bei dieser technischen Lösung war an der Front ein Waschbalken mit neun zuschaltbaren Düsen angeordnet, über die während der Fahrt eine Wasser-Tensid-Mischung mit einem Druck bis zu 120 bar ausgebracht werden konnte. Drei vor dem Balken angebrachte einzeln anzusteuernde Drehbürsten sollten die Lösung in den Straßenbelag einarbeiten, um sie dann zusammen mit der Verunreinigung über einen Saugmund anschließend aufzunehmen.

Im weiteren Verlauf der 1990er-Jahre wurden weitere Einzelentwicklungen in Dienst gestellt. Während die BF Wuppertal 1997 ihr erstes ÖWSF durch eine Neuentwicklung der Firma Schrader Fahrzeugbau aus Beckum ersetzte (MB 1424 F, Bild unten), nahm die BF Dresden (1998, Bild links) einen GW-Ölspurbeseitigung auf Basis eines MB 1324 in Dienst, bei dem Kehr- und Saugtechnik im Frontanbau kombiniert waren. Der sonstige feuerwehrtechnische Ausbau stammte von Magirus. Ein dem Wuppertaler vergleichbares Fahrzeug stellte die BF Saarbrücken im Jahr 2000 auf Basis des MB Atego 1828 in Dienst. Besonderes Merkmal der Fahrzeuge Wuppertal und Saarbrücken war die Anbringung der Reinigungshaube zwischen den beiden Achsen. An der Größenordnung der Schrader-Fahrzeuge wird deutlich, dass größere Tankkapazitäten sowohl für Frisch- als auch für Schmutzwasser auch entsprechend schwerere Fahrgestelle erforderlich machten.

Ebenfalls eine Einzelentwicklung: GW-Öl mit Kehrbesen der BF Dresden (1998)

Zweites ÖWSF der BF Wuppertal (1997), MB 1424 F mit Aufbau und Technik von Schrader (Beckum)

Ein Einzelstück blieb 2003 das Ölspurfahrzeug für das Nassreinigungsverfah-

Kleinere Ölspurfahrzeuge wie dieses der BF Heidelberg (2003) brauchen mehr Zeit für den Reinigungsgang

ren der BF Heidelberg (Bild oben), das aus einer Kehrmaschine mit Drehbesen von dem französischen Hersteller Mathieu abgeleitet worden war. Mathieu gehört als Tochterfirma ebenso wie Scarab zum französischen Fayat-Konzern. Ebenso eine Einzelentwicklung stellte 2006 das ÖWSF der FF Wedel (Bild rechts) dar, das von einem lokalen Aufbauhersteller (Voß, Haseldorf) auf einem spanischen Ausa-Fahrgestell M 250 H X4 und von-Oertzen-Reinigungs- und Saugtechnik realisiert worden war. Im Jahr 2012 hat die FF Wedel das Fahrzeug ausgemustert und an den städtischen Bauhof übergeben. Zwischen den Jahren 2003 und 2012 konnte die Firma Airmatic Gesellschaft

Die ÖWSF-Variante der FF Wedel stammte von einem regionalen Fahrzeugbauer (2006) und ist nach sechs Jahren an den städtischen Bauhof abgegeben worden.

In der kleinen Ladog-Fahrgestellvariante hat die BF Remscheid 2006 ein ÖWSF von Airmatic beschafft.

oben links: Einen Fuso-Canter als ÖWSF von Airmatic hat die FF Eschborn 2012 in Dienst gestellt. Foto: U.Bunzel

oben rechts: Baugleich mit dem Koblenzer Fahrzeug ist das von Airmatic an die BF Kaiserslautern gelieferte, 2011. Foto: Chr. Benkert

unten rechts: In der großen Variante eines 15-t-Fahrgestells hat die FF Bad Homburg (2012) ein ÖWSF beschafft. Foto: J. Thorns

unten links: Als eine von sechs hessischen Feuerwehren hat die FF Hanau 2006 ein zweites ÖWSF beschafft. Foto: Bunzel

für Umwelt und Technik GmbH aus dem sauerländischen Hemer insgesamt 13 ÖWSF an Feuerwehren in Deutschland verkaufen. Dies geschah zeitweise durch die Tochterfirma ORCAtech Gesellschaft für Extremschmutzbeseitigung mbH, die ein Jahr vor der Muttergesellschaft in Insolvenz ging (2011). Die verwendeten Fahrgestelle reichten von einer leichten Ladog-T-Version mit einem zulässigen Gesamtgewicht von 5.000 kg (Ladog ist ein Hersteller im Bereich der Schmalspur- und Kompaktfahrzeuge für Kommunalbetriebe, Industrie und Landwirtschaft aus Zell am Harmersbach) für die Berufsfeuerwehren Remscheid (2006, Bild vorherige Seite unten) und Braunschweig (2007), über 7.000- bis 8.000-kg-Fahrgestelle auf Basis von Fuso-Canter-Varianten für die Feuerwehren Eschborn (2008), Aalen (2009), Darmstadt (2009), Koblenz (2011), Kaiserslautern (2011) und Magdeburg (2012) bis hin zu Fahrzeugen in der 10.000-kg- bzw. 15.000-kg-Klasse: MAN LE 10.220: Kaiserslautern (2003) und Hanau (2006); MB Atego 1524 LKo: Düsseldorf (2009), Bad Homburg (2012) und Fraport Frankfurt (2012). Die Airmatic-Fahrzeuge arbeiten mit Arbeitsdrücken von 200 bar, mit denen Wasser und/oder ein Wasser-Emulgator-Gemisch durch drei Drehdüsen unter einer Sprühkammer, die unmittelbar an eine Saugkammer grenzt, ausgebracht wird. Primär die Kapazitäten der Frisch- und Brauchwassertanks bestimmten die Größe der Fahrgestelle: Während der Remscheider Ladog mit Tanks für 1.000-l-Frischwasser und 1.300-l-Schmutzwasser ausgerüstet war, hat das Bad Homburger Fahrzeug entsprechende Behälter mit einem Fassungsvermögen von 2.000 l bzw. 4.000 l. Airmatic-Fahrzeuge sind

Eine Kombination aus Straßenkehrmaschine und Flächensauger hat die BF Hannover seit 2011 in Form von zwei baugleichen Fahrzeugen im Dienst. Die BF Dresden hat ein solches Fahrzeug 2010 beschafft.

zudem dadurch gekennzeichnet, dass die Front-Reinigungseinheit seitlich verschoben und das Waschwasser erhitzt werden kann und eine heckseitige Hochdruckhaspel auch händisches Reinigen an schwer zugänglichen Stellen, sowie – ausgestattet mit einer Löschpistole – eine begrenzte Brandbekämpfung ermöglicht. Nicht zuletzt deshalb hat die BF Kaiserslautern ihre beiden bisherigen Sonderfahrzeuge auch als „ULF = Umwelt-Lösch-Fahrzeuge" tituliert und mit spezifischer Beladung ausgerüstet (u.a. PA).

Bei einer Feuerwehr bislang einzigartig: ÖSF der BF Wiesbaden (2013) von Wehner mit drei Waschtellern.

Die Berufsfeuerwehren Dresden (2010) und Hannover (2011, zwei baugleiche Fahrzeuge, Bild oben) entschieden sich für einen GW-Ölspurbeseitigung bzw. Ölspurbeseitigungsfahrzeuge von FAUN-Viatec GmbH aus Grimma, Teil der international agierenden Kirchhoff-Gruppe (Automotive, Ecotec [Abfallsammelfahrzeuge, Liftersysteme und Kehrmaschinen], Mobility und Werkzeuge). Auf luftgefederten MAN TGS-18-t-Straßenfahrgestellen mit 250 (Dresden) bzw. 320 PS (Hannover) ist ein Kombifahrzeug konzipiert worden, das als Saug-Kehrmaschine – mit Befeuchtungskreislauf, Rinnstein- und Walzenbesen und Saugschlauchanlage – am Heck mit einem thermischen Flächenreiniger (Arbeitsdruck 200 bar) kombiniert ist. Unter der vorderen Stoßstange befindet sich zudem ein Tensid-Sprühbalken.

Jeweils weitere Einzelfertigungen für Feuerwehren sind bislang ein ÖWSF für die BF Wiesbaden: MAN TGL 12.250 4x2 BL, Wehner Metalltechnik GmbH & Co. KG (Kalbach-Uttrichshausen, 2013, Bild rechts), ein Fahrzeug mit Aufbau der Brechtel Spezialfahrzeugbau GmbH

Auf Flughäfen müssen Start- und Landebahnen sowie die Rollwege von Kerosin- und Hydraulikölen freigehalten werden. Der Flughafen Köln/Bonn nutzt dafür ein ÖWSF in der aktuellen Variante von Brechtel (2015).
Foto: J. Thorns

Das zweite Ölspurfahrzeug der BF Saarbrücken (2015): GW-Öl auf MAN TGL 8.150 4x2 BB mit Aufbau von Metras
Foto: Chr.Benkert

(Rohrbach in der Pfalz) auf einem Ladog-Fahrgestell der Flughafenfeuerwehr Köln/Bonn (2015, Bild oben) und ein MAN TGL 8.150 4x2 BB der BF Saarbrücken (2015, Bild unten), dort als GW-Öl bezeichnet, der einen Aufbau der Metras Produkt + Umweltservice GmbH (Drolshagen) trägt. So wie bei den Airmatic-Fahrzeugen sitzen die Reinigungshauben der letzten genannten drei Typen an der Fahrzeugfront. Besonderheit des Wiesbadener Fahr-

Eine mögliche Verwendung eines Multicar-Fahrgestells: GW-ÖSB der BF Leipzig (2015)

zeugs – für die Feuerwehr aufgrund einer Aufgabenzuweisung eine Erstbeschaffung – ist die Kaskade von drei Reinigungstellern – vom Hersteller als „Ölhexe“ bezeichnet –, die je nach Zuschaltung und Anordnung variable Arbeitsbreiten und -intensitäten ermöglichen. Ein weiteres Einzelstück ist der GW-ÖSB der BF Leipzig (2015, Bild oben), der von der Firma ict GmbH in Frohburg auf einem Multicar M31-H-Fahrgestell gefertigt worden ist. ict liefert mobile Hochdruck-Heißwasser-Reinigungssysteme, aufgebaut auf Multicar-Fahrgestellen, einem Geräteträger, der ursprünglich in der DDR entwickelt worden ist.

Anders als die zuvor vorgestellten Ölspur-Fahrzeuge dagegen ist das zeitlich zuletzt beschaffte Fahrzeug zur Flächenreinigung konzipiert – das ÖSF auf MAN TGS 26.540 6x2-4 LL der BF Wuppertal (2016, Bilder folgende Seiten), gefertigt durch die Firma Holzmann Fahrzeugbau GmbH (Ennsdorf, Österreich). Das im Zeitablauf dritte Wuppertaler Ölspurfahrzeug zeichnet sich neben dem zulässigen Gesamtgewicht von 26.000 kg durch den Ansatz der Reinigungseinheit am Heck und durch den technisch möglichen Arbeitsdruck bis 2.300 bar aus, wobei im täglichen Betrieb im Bereich von 500 bis 1.000 bar gefahren wird. Ziel ist es, aus Umweltschutzgründen ohne Tensidzusatz zu reinigen. Fahrzeuge zur Nassreinigung, so auch das Wuppertaler, sind in der Regel zusätzlich zum regulären Fahrgetriebe mit einem hydrostatischen Antrieb ausgestattet, welcher stufenlos einstellbar niedrige Geschwindigkeiten ermöglicht.

Zum Schluss: Kurzzeitig hat auch die Firma Aries Systems GmbH (Sundern) versucht, Reinigungsfahrzeuge an Feuerwehren zu liefern. 2015 ist einmalig ein ÖWSF an eine Feuerwehr in Nordrhein-Westfalen ausgeliefert worden, das später wegen Aufgabe der Zuständigkeit der Feuerwehr durch den Hersteller zurückgekauft worden ist.

oben: Das bislang leistungsstärkste ÖSF in Deutschland hat die BF Wuppertal seit 2016 im Dienst – MAN TGS 26.540 6x2-4 LL.

unten: Am hochgestellten Aufbau des ÖSF der BF Wuppertal (2016) ist das Unterdruckgebläse zur Aufnahme des Schmutzwassers erkennbar.

gegenüberliegende Seite: Bei aufgeklapptem Schmutzwassertankdeckel sind an der Unterseite des Waschtellers des ÖSF der BF Wuppertal (2016) die fünf Drehjets zu erkennen.

HOLZMANN

Ebenfalls erhältlich ...

ISBN 978-3-95613-069-4

Auf informative aber auch unterhaltsame Weise stellt dieses Handbuch Rekorde, Unbekanntes und Kurioses rund um das Thema Feuerwehr vor.

ISBN 978-3-86680-450-0

Dieser Bildband zeigt auf 100 historischen Fotografien die umfangreiche Geschichte der Feuerwehr und der Floriansjünger in Deutschland.

GeraMond

www.geramond.de